BASIC HAIR

기초헤어 컬러링

저자 임순자

COLORING

구민사

저자약력

임순자

경남도립거창대학 뷰티웰니스과/이학박사

기초헤어 컬러링 개정1판

2021년 7월 21일 초판 인쇄
2021년 7월 30일 초판 발행
2023년 2월 15일 개정1판 발행

저 자 | 임순자
발 행 인 | 조규백
발 행 처 | 도서출판 구민사
(07293) 서울특별시 영등포구 문래북로 116, 604호(문래동3가 46, 트리플렉스)
전 화 | (02) 701-7421(~2)
팩 스 | (02) 3273-9642
홈페이지 | www.kuhminsa.co.kr
신고번호 | 제 2012-000055호 (1980년 2월4일)
I S B N | 979-11-6875-192-7 (93590)

정 가 | 22,000원

기초헤어컬러링 실습서 사용안내

소개

흰머리를 단순히 커버하거나 모발 전체를 동일한 색상으로 균일하게 염색하는 것에서 벗어나, 다양한 색상과 기법을 활용하여 개인의 개성을 돋복이게 하는 미용서비스로 자리매김하고 있다.

무한 경쟁 시대에 돌입한 미용산업의 시장은 다른 업소와의 차별성이나 전문성을 인정받고 고객유치에 있어 지속적인 우위를 실현해 줄 수 있는 기술이 된 헤어컬러는 이제 주위에서 찾아보기 힘들 정도로 대중화되었다.

젊음과 개성을 표현하는 중요한 수단이 되었으며, 고객들의 욕구를 충족시키기 위해서 헤어컬러에 대한 자신감을 가지고 고객의 언어로 표현되는 고객의 요구사항을 깊게 이해하고 공감하여 이를 기반으로 고객이 원하는 이미지의 헤어디자인을 제안하고자 한다.

기초헤어컬러링 실습서 사용안내

기초헤어컬러링의 필요성

국내의 비약적인 경제발전에 따른 국민의 생활수준 향상으로 점차 미에 대한 관심이 높아지면서 이 · 미용서비스 산업 직무에 세부적인 교육 요구가 점점 증가하고 있다. 이에 발 맞추어 미용전공학과 학생들의 현장중심적 교육의 비중을 늘려가고 있는 추세이며, 산업현장에서는 실무능력이 뛰어나고 준비된 자원을 필요로 하고 있다.

이와 같은 실무능력을 갖추기 위해서는 현장에서 일어나는 유행의 변화를 재빨리 감지하고 이를 위해 유사한 교육현장 학습 전략으로 강화할 필요가 있다.

구성

기초헤어컬러링 실습서는 전체적인 교과목내용 체계도와 교과목 교수학습전략과 강의계획표, 교수-학습자료(15주 과정), 평가계획서, 운영지침과 평가결과서 등을 실습서로 모두 포함하고 있다.

매 시간마다 실습서는 학습자의 주어진 과제수행을 한 눈에 알 수 있도록 각각의 학습목표, 선행내용, 수행내용, 교수 · 학습방법, 평가, 안전유의사항으로 구성되어 교수 학습자료 예시와 포토폴리오 형식의 실습자료의 작업지시서를 구성하였다.

본 교재를 가지고 수업하는 학습자들에게 반드시 필요한 자료가 될 수 있도록 이 교재를 현장실무화의 기초헤어컬러링 작업실습서로 완성하였다.

이 책의 출판을 위해서 적극적으로 도움을 주신 도서출판 구민사 조규백 대표님과 직원 여러분들에게 깊은 감사를 드린다.

저자 임순자

CONTENTS

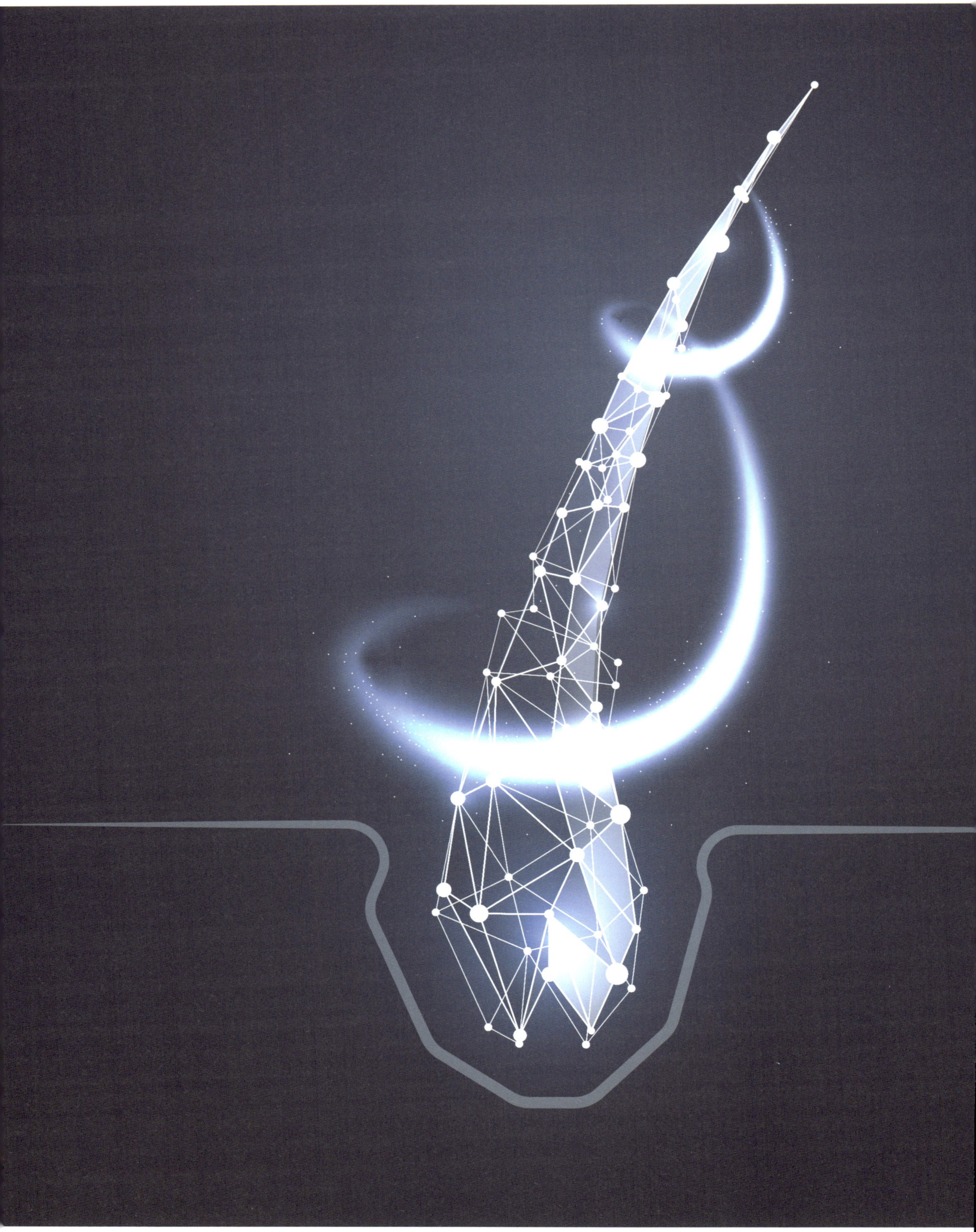

1주차

모발관리학

강의주차
1 / 15

단원명	1. 주별 강의개요 설명, 교재 및 학습 평가방법 소개 2. 자연색소와 컬러의 5범주
학습목표	1. 멜라닌의 분포와 자연 모발의 색상관계에 대해 이해하기 2. 흑멜라닌과 적멜라닌에 대해 이해하기 3. 컬러의 5가지 범주를 이해하기
선행학습	1. 모근부의 도식의 기능과 역할 알기 (모낭, 모구, 모유두, 모모세포, 내 · 외모근 초, 피지선, 입모근, 멜라닌형성세포) 2. 모발의 구성 성분과 모간부의 모발의 구조 알기

	교수 · 학습의 과정(내용)	유의사항 (학습자료)
수행내용	a. 전체적인 준비와 태도, 행동점검표 b. 모발의 구조와 기능 개념 알기 a. 모근의 도식표 그리기 b. 모근의 도식의 기능과 역할 체크 c. 멜라닌의 분포와 자연 모발의 색상관계 점으로 체크하기	(준비물) - 교수 계획표 - 주교재 - 부교재 - 빔프로젝트
평 가	- 학습한 내용에 대한 수시 점검 체크	
안전 유의사항	- 멜라닌의 분포와 멜라닌의 색을 맞게 체크하여 모발의 구조를 이해하는 태도를 가진다.	

1 모발의 구조

모발은 눈에 보이지 않는 모근부와 눈에 보이는 모간부로 나뉜다.
눈에 보이지 않는 피부 속에 존재하는 부분의 모발을 '모근부'라고 하며, 우리가 눈으로 확인되고 손으로 만질 수 있는 피부 바깥쪽에 드러나 있는 모발을 '모간부'라고 정의 한다.

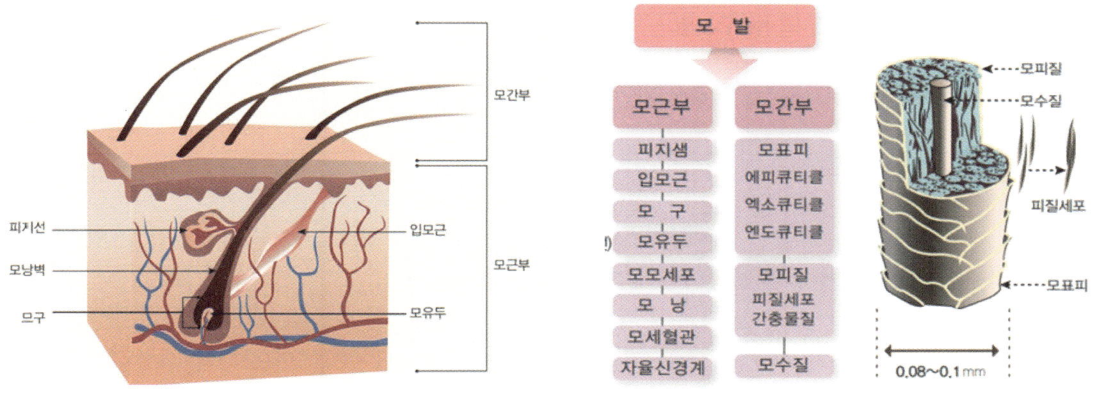

[그림 1-1] 모발의 구조

1 모근부

모근부는 모낭, 모구, 모유두, 모모세포, 피지샘, 입모근, 모세혈관, 땀샘 등의 구조를 가지고 있다.

2 모낭

몸 전체에 걸쳐 분포되어 있으나, 손과 발바닥에는 존재하지 않는다. 모낭 하나에 모발이 달려있는데 3개의 모발이 달려있는 경우도 볼 수 있다. 이것은 모발의 굵기와 숱에 영향을 준다.

3 모구

모발의 끝부분으로 모유두와 맞물려지기 위해 속이 빈 오목한 모양으로 둥근 공 모양을 하고 있다.
모발이 생장하는 장소로 모유두, 모모세포, 모세혈관, 색소형성세포 등 함께 존재한다.

4 모유두

모발의 끝부분으로 모유두와 맞물려지기 위해 속이 빈 오목한 모양으로 둥근 공 모양을 하고 있다.
모발이 생장하는 장소로 모유두, 모모세포, 모세혈관, 색소형성세포 등 함께 존재한다.

5 모모세포

모발의 기원이 되는 세포로 세포분열과 증식이 이루어지는 모발성장에 매우 중요한 역할을 하는 곳이다.

6 색소세포

멜라닌 색소를 형성하는 색소형성세포로 모발의 색을 결정 짓는 곳이다.

7 피지샘

모방 벽 위쪽에 붙어 있으며 하루 평균 1~2g 피지를 분비한다. 피지는 모발의 유연성을 위해 천연 영양제로써 윤기를 부여해주고 외부 이물질의 침투를 막아 주는 역할을 한다.

8 입모근

털을 세우는 역할을 하는 근육을 입모근이라고 하며, 기모근 이라고도 한다. 추위나 공포를 느낄 때 모낭에 붙어 나의 의지와 관계없이 운동하는 일종의 근육이다.

9 모세혈관

혈액을 통해 산소와 영양분이 공급되고 노폐물을 수거한다.

10 땀샘

혈액을 통해 산소와 영양분이 공급되고 노폐물을 수거한다.

에크린 땀샘(=소한선)

태어날 때 부터 입과 입술의 일부를 제외하고는 거의 전신에 분포한다. 무색, 무취이며, 체온 조절에 중요한 역할로 피부의 건조를 방지한다. 손과 발바닥에 많이 존재한다.

아포크린 땀샘(=대한선)

모낭벽에 붙어 있으며 땀샘으로 소한선보다 크기가 크다. 소한선에서 나는 땀보다 농도가 짙어서 독특한 냄새가 난다.주로 겨드랑이, 사타구니, 유두, 배꼽 주위 주변에 많이 분포한다.

2 모간부

모간부는 모발단면의 중심부인 모수질과 모수질을 둘러싸고 있는 모피질, 모피질을 보호하는 모발의 가장 외측에 존재하는 모표피로 구성하며 '모발의 줄기'라는 뜻을 가지고 있다.

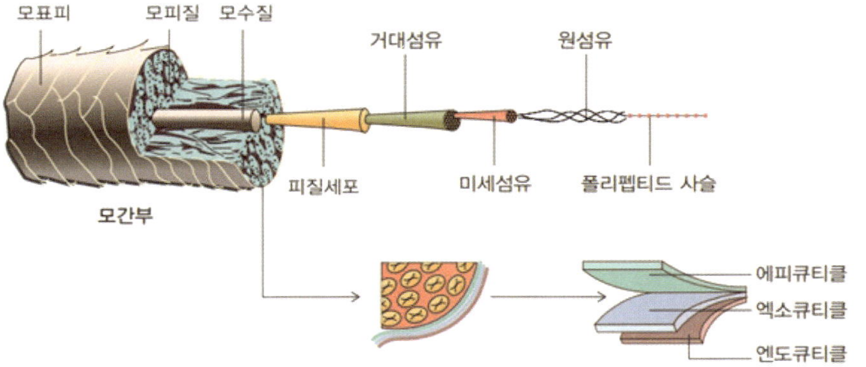

[그림 1-2] 모간부의 구조

1 모표피

케라틴이라는 단단한 단백질로 구성되어 있으며, 가장 외측에 존재하며 반투명 비늘모양으로 기왓무늬로 겹겹이 겹쳐져 있는 모양을 띄고 있다. 모발 전체의 10~15%를 차지하고 있으며 기름과 친화력이 강한 친유성의 성질을 갖고 있다.

2 모피질

모피질은 모표피와 모수질의 중간에 존재하며, 모발의 구성 성분 중 가장 많은 영역인 85~90%를 차지하고 있다. 섬유 사이를 메꾸고 있는 간충물질로 이루어져 있으며, 펌이나 염모제 등 화학적인 반응에 민감하게 반응하는 부분이다.

모발의 질과 색을 결정하는 멜라닌색소를 함유하고 있으며, 친수성으로 퍼머제, 염모제 등 화학성분에 의해 손상받기 싶다.

3 모수질

모발의 가장 안쪽 중심부에 위치한다. 모발일 굵은 경우는 모수질이 있으나 모발이 얇은 부분은 존재하기 않기도 한다. 크고 작은 공동으로 공기와 수분을 함유하고 있어 보온의 역할을 한다.

3 멜라닌의 분포 및 역할

1 멜라닌 색소

멜라닌은 피부에서 표피의 기저층에 존재한다.
모발에서는 모모세포층의 모유두 끝부분에 존재한다.

피부와 모발 및 색깔을 결정하는 중요한 역할을 하는 부분이다.

모발색상을 결정하는 요인에는 3가지가 존재한다.

- 멜라닌 종류(유멜라닌, 페오멜라닌)
- 멜라닌 분포도
- 색소의 량

2 멜라닌의 종류와 구조

유멜라닌

주로 갈색, 검은색, 흑인, 동양인들의 피부나 모발색을 결정지어 준다.

페오멜라닌

노랑색이나 빨강색 머리의 주색소로써 서양인들의 피부나 모발에 나타난다.
검은색 모발색소에 비해 색소 미립자가 훨씬 적다.(적은 미립자)

멜라닌의 분포와 자연 모발의 색상관계

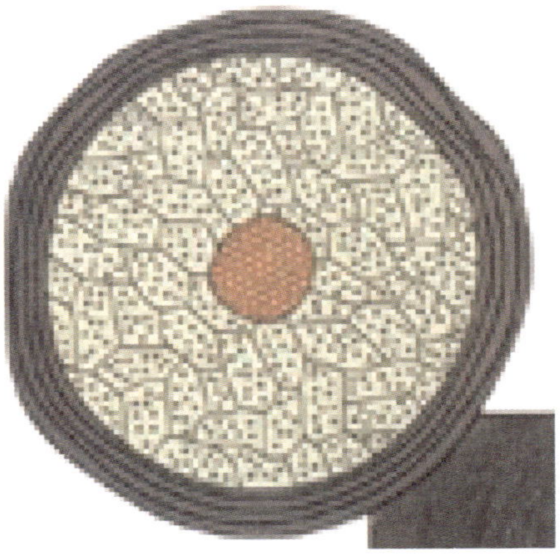

갈색

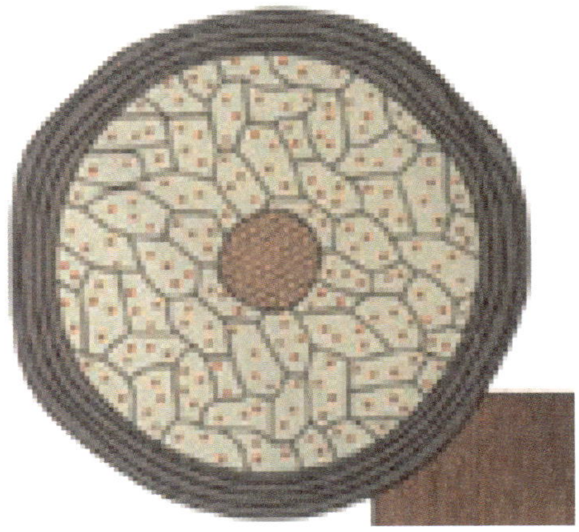

적모

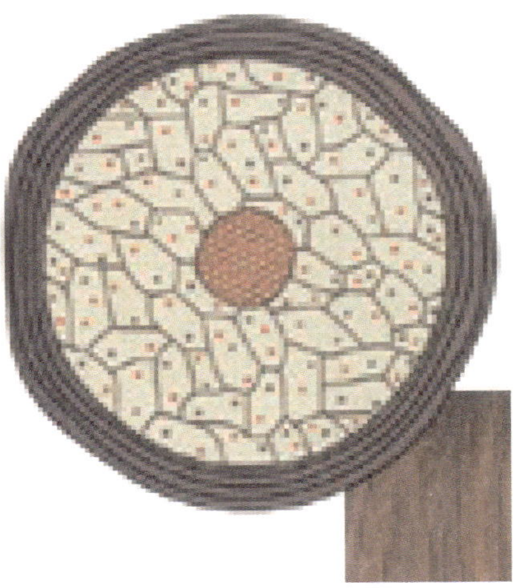

따뜻한 갈색

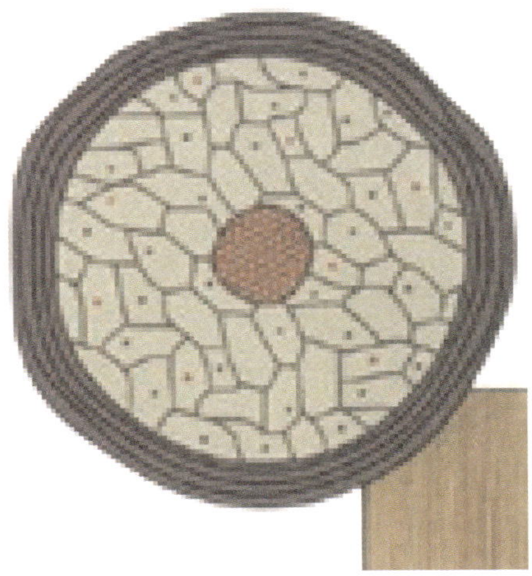

금발

실습 자료

멜라닌의 분포와 자연 모발의 색상관계

Black(검정)

Brown(갈색)

Warm Brown(따뜻한 갈색)

Blonde(금발)

Warm Blonde(따뜻한 금발)

Red Hair(적모) - Dark

Red Hair(적모) - Light

Hair Coloring

9/0
9
8/0
8
7/0
7
6/0

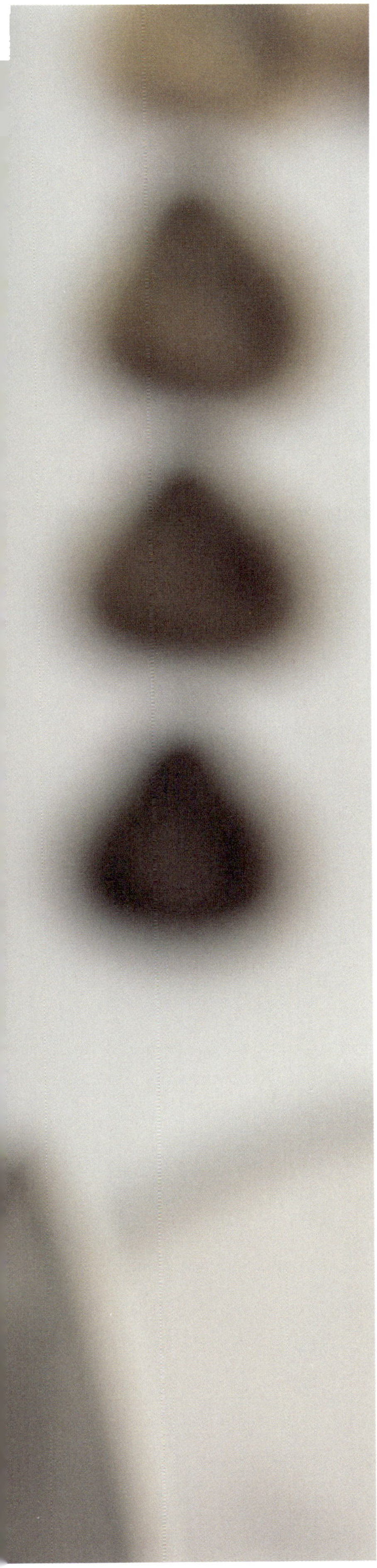

2주차

색소와 컬러의 법칙 I

강의주차
2/15

단원명	색소와 컬러의 법칙 I
학습목표	1. 컬러의 법칙에 대해 설명한다. 2. 1차색, 2차색 그리고 3차색 컬러의 혼합 법칙에 대해 만들어 낸다. 3. 컬러의 법칙 보색관계를 만들어 낸다. 4. 컬러의 법칙 보색관계를 혼합하여 갈색을 만들어 낸다. 5. 색상환 코팅 차트에 대해 배열해 낸다.
선행학습	1. 컬러의 특성에 대해 알기(컬러의 명도, 채도, 색상)

	교수 · 학습의 과정(내용)	유의사항 (학습자료)
수행내용	a. 전체적인 준비와 태도, 행동점검표 b. 보색관계 만들기 준비 c. 근접한 색조를 혼합하여 색상환 만들기 준비 d. 색상환의 12색이 원형으로 배열하여, 1차색에 따라 어떤 혼합색이라도 설명할 수 있는 색상환 코팅차트를 만들어 본다.	(준비물) - 교수계획표 - 주교재 - 부교재 - 빔프로젝터 - 프린트물 - 붓 - 물통 - 물감(R, Y, B)
	a. 1차색 만들기 R, Y B b. 2차색 만들기 Y + R = O R + B = V B + Y = G c. 3차색 만들기 d. 보색관계 만들기 Y + V = B R + G = B B + O = B	
평 가	1. 학습한 내용에 대한 수시 점검 체크 2. 동일한 비율로 조제하여 만들어지는 색상 체크 3. 색의 이해와 색상환에 관한 지식 체크 4. 색의 명도와 채도를 분석하는 능력 체크	
안전 유의사항	- 색의 도포법에 따른 색채학의 결과를 확인하는 태도를 가진다.	

1 색의 분류

1 무채색

W. G, B(색상 또는 채도가 없는 색)을 말한다.
※무채색의 구별은 밝고, 어두움의 정도를 말하는 것으로 즉, 명도 차이로만 구분한다.

2 유채색

무채색을 제외한 모든 색을 말한다.
색상, 명도, 채도의 색의 3속성 모두를 가진다.

색상

물체표면에서 반사되는 색 파장의 종류에 대해 결정짓는 것이다.(R, O, Y, G, B, V구분)
색상환에서 거리가 가까운 색을 유사색이라고 하며, 거리가 먼 색을 반대색이라 한다. 색상환에서 가장 거리가 먼 정반대편의 색을 보색이라고 하며, 보색끼리의 혼합을 무채색이라고 한다.

명도

색의 밝은 정도 또는 어두운 정도를 나타내는 것으로 즉, 색의 밝기의 정도를 말한다.

채도

색의 맑고 탁한 정도로 색의 선명도라고 말한다.
순수색 = 순색, 순색 + 흰색 = 명도가 높다(순색의 정도는 낮기에 탁색이 된다).

2 물감의 삼원색

1 1차색

'다른 색으로 분해할 수도 없으며, 다른 색상을 혼합하여 만들 수 없는 것을 기본색'이라고 부른다. 물감의 3원색은 빨강, 노랑, 파랑을 말한다.

2 2차색

1차색을 1:1로 혼합했을 때 만들어지는 색을 말한다.

3 3차색

1차색과 2차색을 1:1 비율로 혼합했을 때 만들어지는 색을 말한다.

1차색	2차색	3차색
노랑	주황	노랑 계열의 주황색
노랑	녹색	노랑 계열의 녹색
빨강	주황	붉은 계열의 주황색
빨강	보라	붉은 계열의 보라색
파랑	녹색	파랑 계열의 녹색
파랑	보라	파랑 계열의 보라색

4 삼원색의 염모제를 혼합하여 만드는 색 배합의 비율

<table>
<tr><td></td><td>검정</td><td>노랑 : 빨강 : 파랑 = 1 : 1 : 1</td></tr>
<tr><td></td><td>갈색</td><td>노랑(50%) + 빨강(30%) + 파랑(20%)</td></tr>
<tr><td></td><td>재색</td><td>노랑(20%) + 빨강(10%) + 파랑(70%)</td></tr>
<tr><td></td><td>금색</td><td>노랑(60%) + 빨강(30%) + 파랑(10%)</td></tr>
<tr><td></td><td>주황색</td><td>노랑(30%) + 빨강(70%) + 파랑(0%)</td></tr>
<tr><td></td><td>마호가니</td><td>노랑(10%) + 빨강(70%) + 파랑(20%)</td></tr>
</table>

5 보색

색상환에서 볼 때 정반대편에 놓인 색상을 말한다.

보색끼리의 조화를 이루면 서로간의 색상 선명도는 개성 있는 표현이 될 수 있다.

[예시] 금색의 모발을 중화시킬 때 보색인 보라색의 염색제를 사용하여 보색끼리의 색을 서로 섞으면 자연색(갈색)이 된다.

보색 중화 주의 시 같은 명도와 같은 채도의 염색체를 사용해야 한다.

유사색끼리의 배색은 차분한 느낌을 주는 반면 보색끼리 조화를 이루면 서로간의 색은 선명해 보인다. 명랑한 표현으로 개성 있는 표현이 될 수 있고 강하고 활동적이며 발랄한 느낌을 표현하는 데 효과적이다.

보색대비

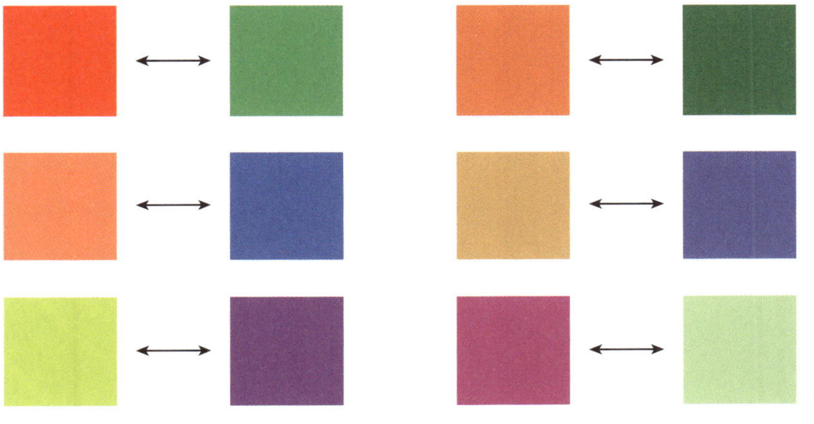

수행 tip

- 금색의 모발을 중화시킬 때는 보색인 보라색의 염색제를 사용하여 갈색으로 만들 수 있다.
- 보색 중화 주의시 같은 명도와 같은 채도의 염색제를 사용해야 한다.
- 약재 혼합시 금속으로 된 용기나 혼합용 스틱은 산화 염색의 작용 저해요인이 되기 때문에 유리나 플라스틱 도구를 사용하도록 한다.

6 색상환

12색이 원형으로 배열되어서, 1차색에 따라 어떤 혼합색이라도 설명할 수 있는 기구를 말한다.

컬러의 혼합 법칙(1차색)

교수 학습

이름 :

날짜 :

실습 자료

컬러의 혼합 법칙(1차색)

이름 :

날짜 :

컬러의 혼합 법칙(2차색)

교수 학습

이름 :

날짜 :

노랑 + 빨강

빨강 + 파랑

파랑 + 노랑

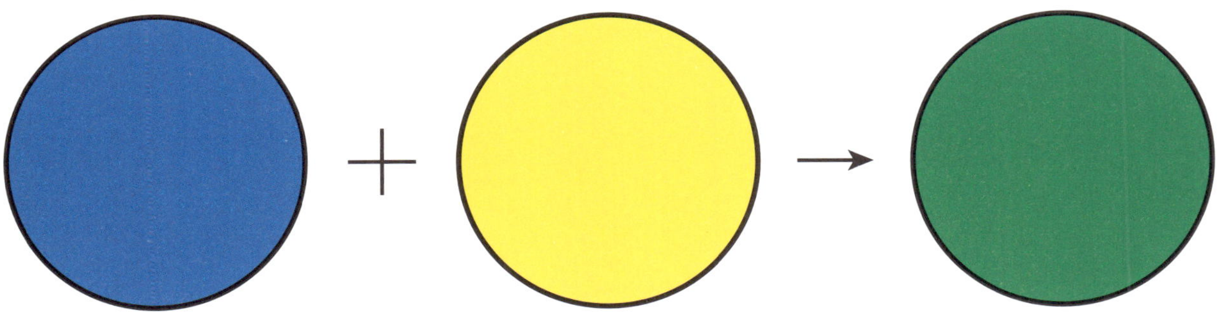

컬러의 혼합 법칙(2차색)

이름 :

날짜 :

노랑 + 빨강

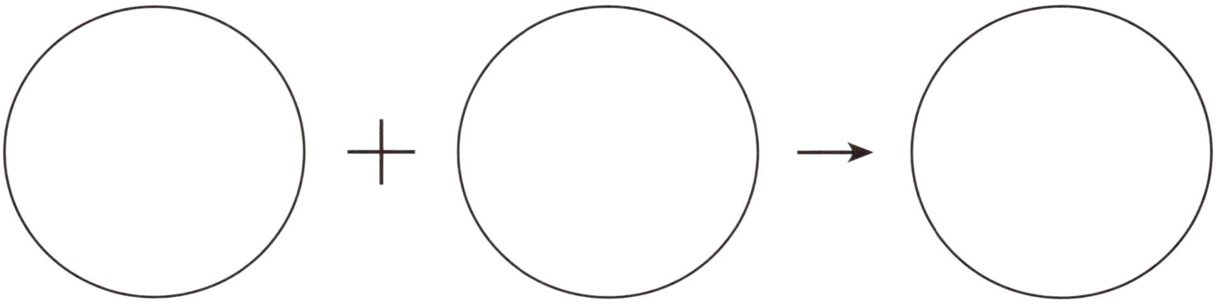

빨강 + 파랑

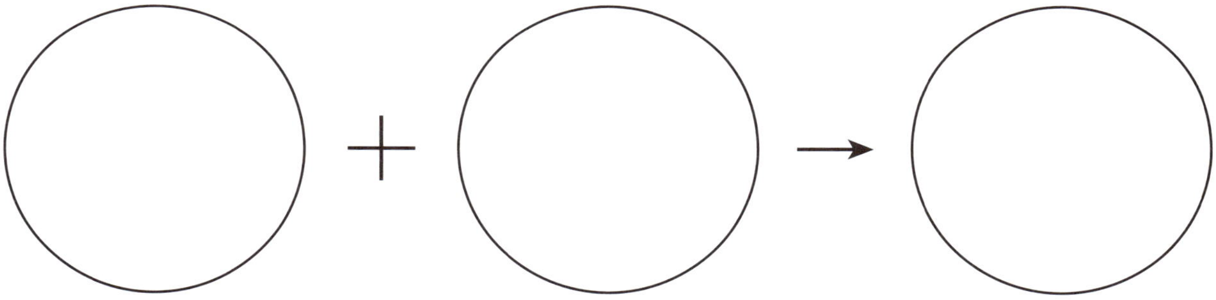

파랑 + 노랑

교수 학습

컬러의 혼합 법칙(3차색)

이름 :

날짜 :

실습 자료

컬러의 혼합 법칙(3차색)

이름 :

날짜 :

컬러의 법칙 : 보색관계

교수 학습

이름 :

날짜 :

노랑 + 보라

빨강 + 녹색

파랑 + 오렌지

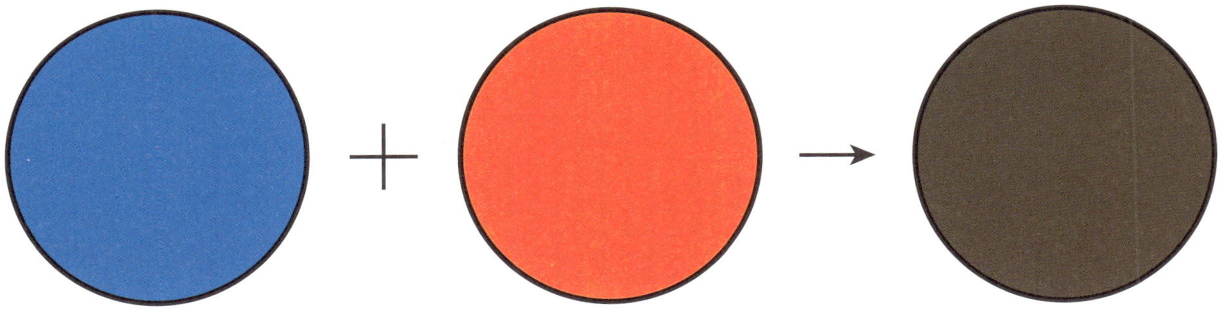

실습 자료

컬러의 법칙 : 보색관계

이름 :

날짜 :

노랑 + 보라

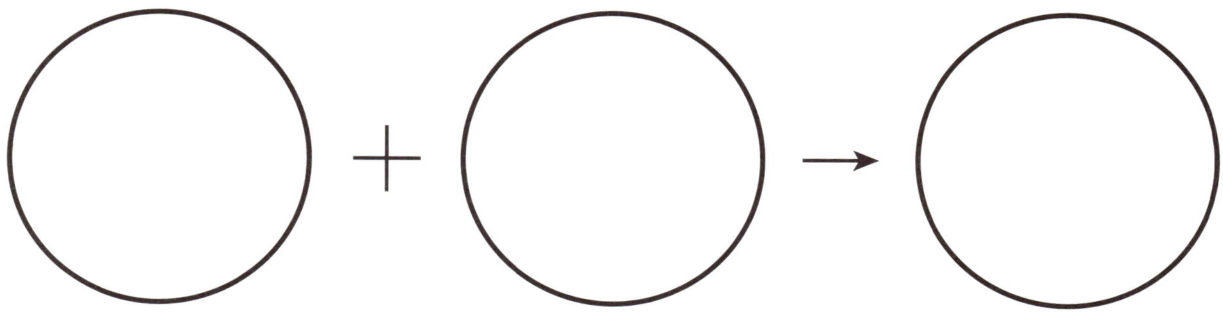

빨강 + 녹색

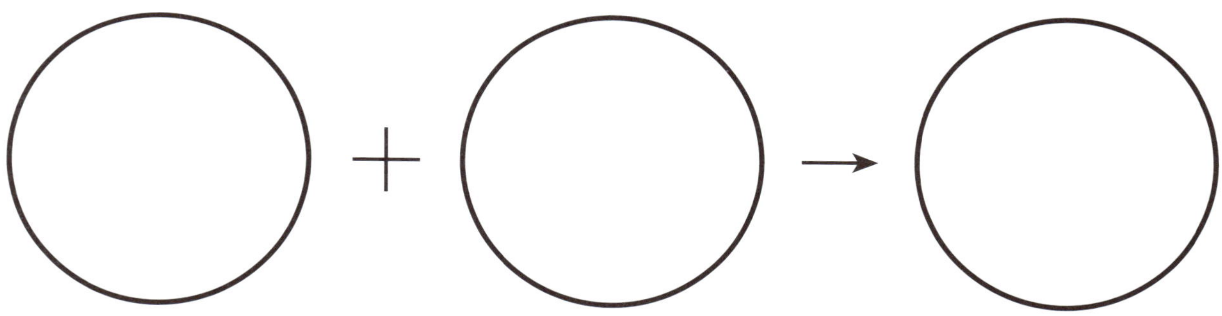

파랑 + 오렌지

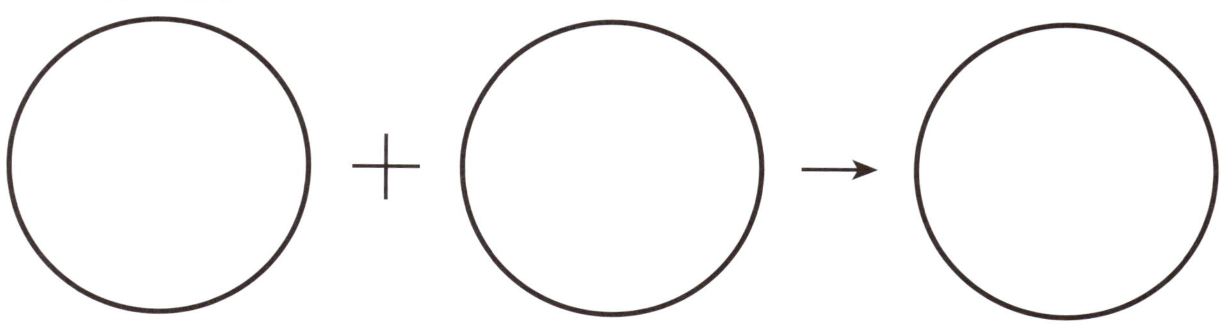

교수
학습

갈색 / 검정색 만들기

이름 :

날짜 :

자연갈색

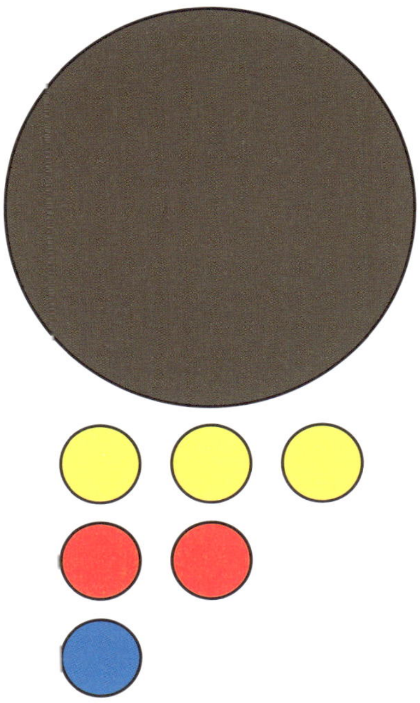

따뜻한 갈색 – 적갈색

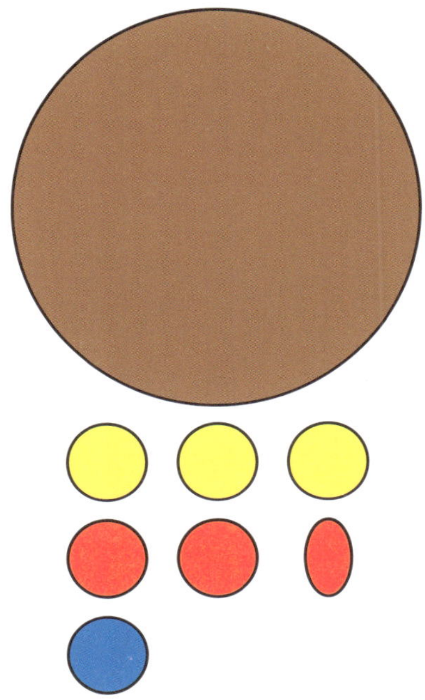

차가운 갈색

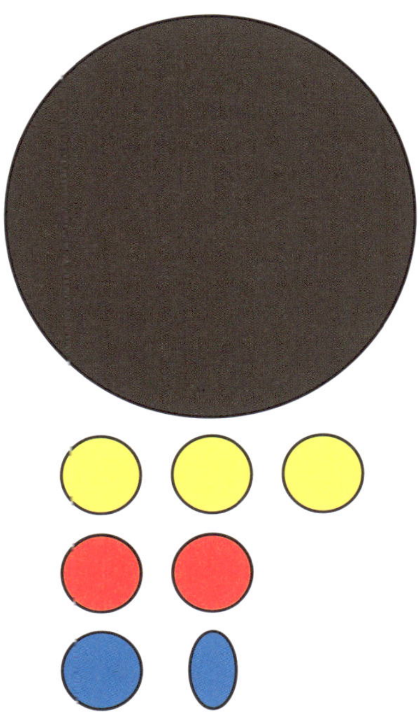

검정색

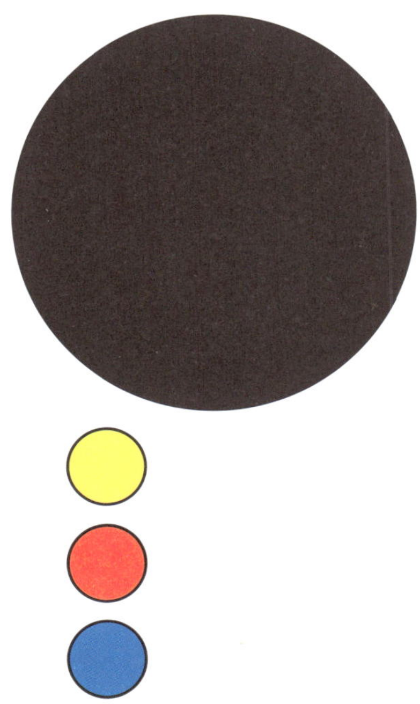

실습 자료

갈색 / 검정색 만들기

이름 :

날짜 :

자연갈색

따뜻한 갈색 – 적갈색

차가운 갈색

검정색

교수 학습

색상환 코팅차트 만들기

이름 :

날짜 :

실습 자료

색상환 코팅차트 만들기

이름 :

날짜 :

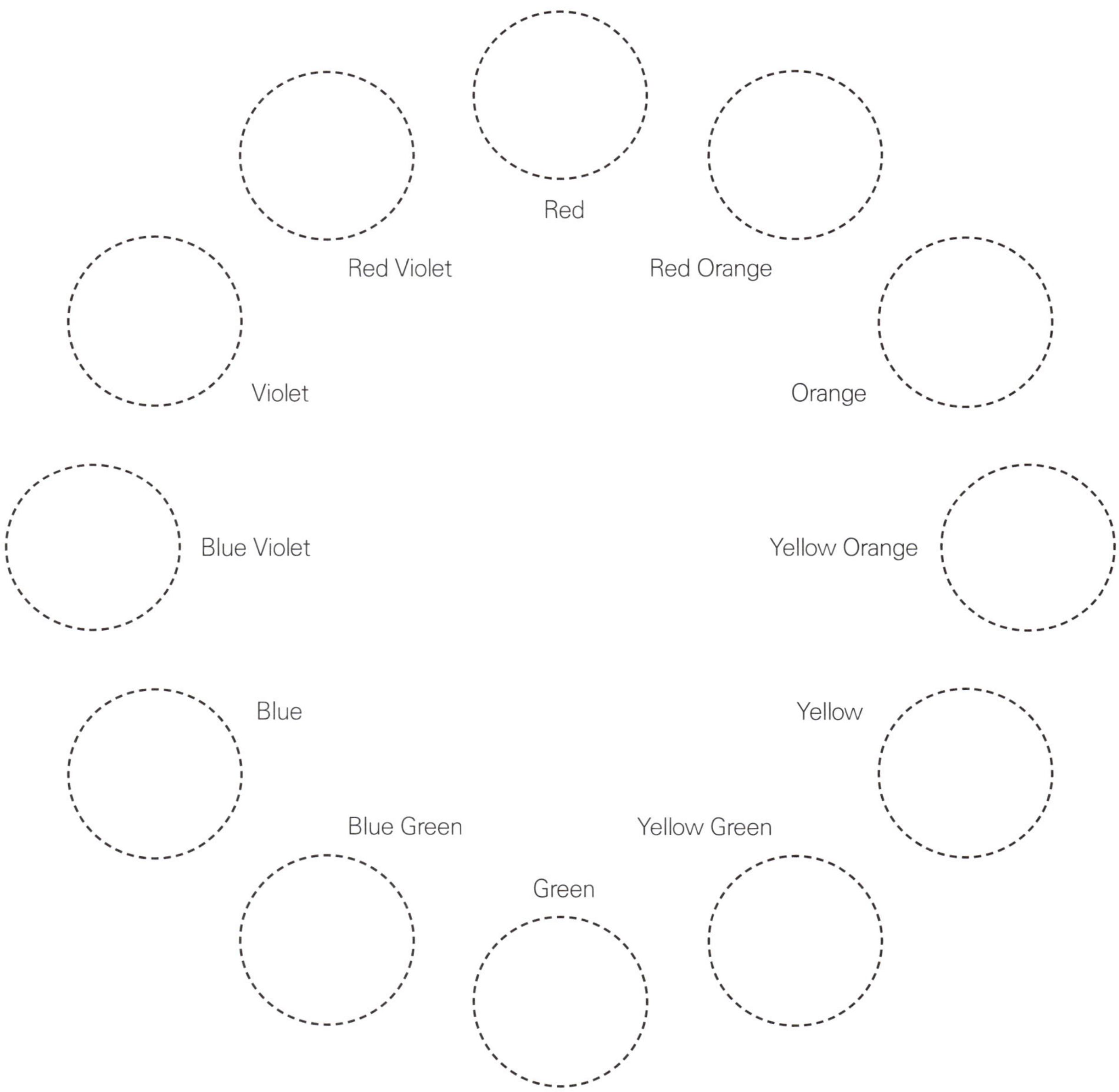

디자인 법칙

교수 학습

이름 :

날짜 :

실습 자료

디자인 법칙

이름 :

날짜 :

반복	대조	진행	조화	교대

Hair Coloring

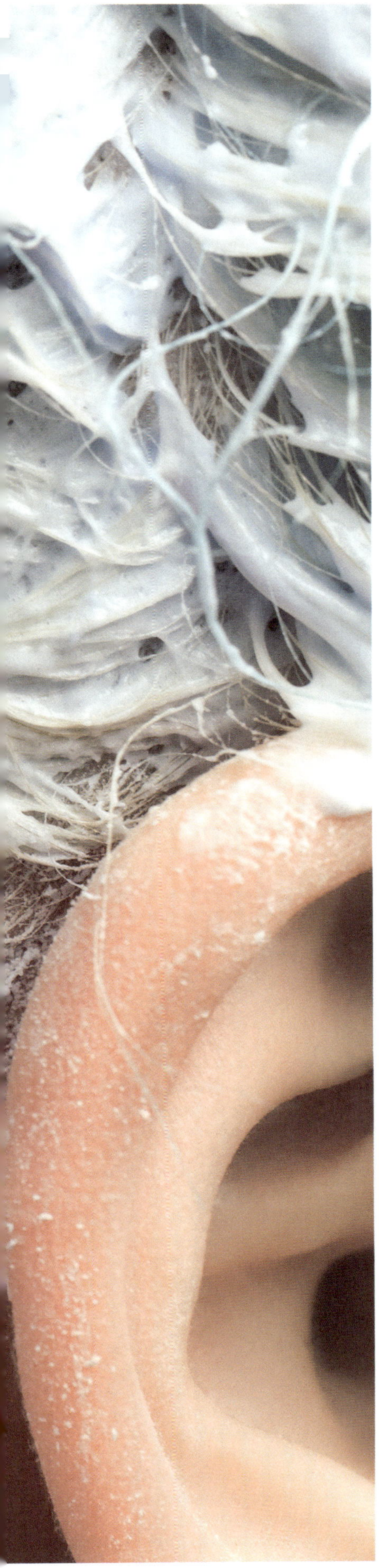

3 주차

탈색의 기여색소의 변화단계

단원명	탈색(1-10level)의 기여색소의 변화단계
학습목표	1. 색소의 변화와 색의 원리를 이해한다. 2. 단계별 탈색시간을 기록하여 탈색과 붉은색의 관계를 파악한다. 3. 산화제의 종류와 특징에 대해 이해한다. 4. 모발탈색 차트 만들기
선행학습	1. 방치 시간과 탈색 단계의 관계를 신속 정확하기 처리하도록 익히기

	교수 · 학습의 과정(내용)	유의사항 (학습자료)
	a. 전체적인 준비와 태도, 행동점검표 b. 정확한 시간과 신속 정확한 태도	(준비물) - 교수계획표 - 주교재 - 부교재 - 모발피스 (1LEVEL) - 산화제 - 화제(6%, 9%) - 염색볼 - 붓 - 저울 - 드라이기 - 매직기 - 스프레이 - 꼬리빗 - 가위 - 테이프
수행내용	a. 모발색의 변화 과정의 탈색시간을 기록하며 탈색과 붉은색의 관계를 정확히 파악한다. b. 검정색 → 진한갈색 → 중간갈색 → 밝은갈색 → 가장밝은갈색 → 진한금발 → 중간금발 → 밝은금발 → 아주밝은금발 → 가장밝은 금발 순으로 모발내의 존재하는 멜라닌의 양을 가감하여 자연모발 명도 10단계를 만든다.	
평 가	1. 학습한 내용에 대한 수시 점검 체크 2. 동일한 비율로 조제하여 만들어지는 레벨 체크 3. 블리치 제품을 선택하고 배합하는 기술 체크	
안전 유의사항	- 블리치제를 안전하고 정확하게 사용한다. - 주변을 정돈하고 도구를 청결하게 정리한다. - 제품의 정량사용으로 자원낭비와 환경오염을 최소화한다.	

1 산화제의 종류 · 특징

1 과산화 수소 농도에 따른 모발의 변화(2제)

구분	3%(10vol)	6%(20vol)	9%(30vol)
종류	크림, 액상, 정제 타입		
산화제	염모제와 혼합하여 사용하는 것으로 발색과 탈색의 기능		
손상도	적다	보통	많음
탈색력	적다	보통	많음
장점	색감이 좋고, 모발의 손상도가 적다.	발색과 탈색력이 적당하여 일반적인 산화제	탈색력이 빨라 시술시간 단축
대상모	손상모, 극손상모	모든 모발	건강모, 보통모
시술조건	- 톤다운 - 흰머리 염색 - 색감을 좋게 할 때 - 모발 손상이 적은 염색을 원할 경우	- 톤다운, 톤업 - 멋내기 염색 - 흰머리 염색 - 밝은컬러 원할 경우	- 밝은 컬러 원할 경우 - 시술시간 단축 - 멋내기
레벨 UP ↑	자기 본래 색을 잘 나타냄	1~2단계 ↑	3~4단계 ↑

2 알칼리제의 특성

모발팽윤, 과산화수소 분해 촉진시킨다.(1제)

특성 \ 종류	암모니아	모노에탄놀아민
향	강하다	거의 없다
작용시간	빠르다	느리다
휘발성	휘발성	불휘발성
모발잔류	없다(모발손상도 없다)	있다(모발손상도 있다)

3 1제와 2제의 역할

1제의 역할

알칼리성분으로 큐티클을 열리게 한다.

2제의 역할

열린 큐티클 사이로 들어가 멜라닌 색소 산화시키고 인공 안료 착색시킨다.

2 탈색(1 – 10 level) – 기여색소의 변화단계

자연 모발 색소	기여 색소	명도	걸리는 시간	전체 소요 시간
흑색	검정	1	0	
아주 어두운 갈색	적보라	2	1 ~ 4	4분
어두운 갈색	적색	3	15	16분
갈색	붉은빛 오렌지	4	20	36분
밝은 갈색	오렌지	5	15	51분
어두운 금색	황금색 오렌지	6	15	66분
금색	황금색	7	20	86분
밝은 금색	진한 노란색	8	15	101분
아주 밝은 금색	노란색	9	10	111분
창백한 금색	아주 흐린 노란색	10	10	121분

3 색소의 변화와 색의 원리의 이해

1 모발색소의 변화란

모발 내에 존재하는 멜라닌의 양을 가감하는 것이다. 즉 탈색작업을 말한다. 즉, 도화지의 종류를 바꾸어 가는 과정이다.

2 기여색소

모발색의 변화 과정을 현미경으로 들여다보면 검은머리가 금발머리로 총 10가지 다른 색상을 거치는 과정으로 밝아짐을 알 수 있다.
이때 10종류 색상을 명도별 기여색소라고 한다.

3 단계별 탈색시간을 기록하여 탈색과 붉은색의 관계를 파악하도록 한다.

- 탈색제 믹스를 정확하게 하도록 한다.
  예 1 : 1, 1 : 2, 1 : 3

• 가루브리체제의 색상은(흰색, 흐린 보라)의 차이는 결과상에 차이점이 있다.

예 흰색 – 흐린 노랑, 흐린 보라 – 밝은 노랑

예 원모발 명도 3Level인데 희망색상은 밝은 모발 8Level이다.(아주 밝은 황색)

= 탈색은 어느 명도까지 올려야 하는가 → 결과는 8등급이다.

(분명 높은 명도의 레벨이기에 2번~3번 정도의 탈색 과정을 거쳐야 될 것이다.)

4 모발 탈색 차트 만들기 – 1 ~ 10 Level 예시[교수학습]

1	흑색		Black
2	아주 어두운 갈색		Darkest Brown
3	어두운 갈색		Dark Brown
4	갈색		Brown
5	밝은 갈색		Light Brown
6	어두운 황금색		Darkest Blonde
7	황금색		Blonde
8	밝은 황금색		Light Blonde
9	아주 밝은 황금색		Very Light Blonde
10	아주 아주 밝은 황금색	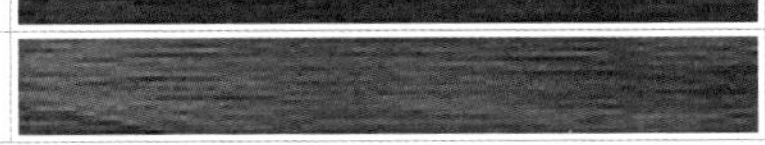	Lightest Blonde

수행 tip

• 탈색제와 20 ~ 30볼륨(6%, 9%)의 2제와 탈색제를 이용한다.

• 크림 상태에 이를 때까지 완전히 섞어 주어야 얼룩을 방지할 수 있다.

• 이 실습을 통해 레드 – 오렌지, 오렌지, 옐로 – 오렌지(황금색), 노랑색, 흐린 노랑색 그리고 아주 밝거나 흐린 노랑색처럼 가장 눈에 잘 띄는 탈색 단계를 찾아보는 연습을 해 본다.

• 각 모발 샘플에 골고루 탈색제를 도포하고 방치 시작 시간을 기록한다.

• 첫 번째 모발 샘플을 보아 레드–오렌지 단계에 이르렀는지 확인하여 색이 나왔다면 물을 분사한 후 과도한 탈색제를 수건으로 닦아내며 탈색 과정을 중지시킨다.
필요하다면 탈색제를 재도포한다.

• 모발 샘플이 각 탈색 단계에 이를 때까지 계속해서 방치한다.

• 제품 정보와 방치 시간을 기록하도록 한다.

• 각 범주는 각각 탈색 시작 시간이 다르다는 것에 주목하도록 한다.

모발탈색 차트

실습 자료

이름 :

날짜 :

모발명도	1	2	3	4	5
처리 후 모발					
처리과정					

모발명도	6	7	8	9	10
처리 후 모발					
처리과정					

실습 자료

사진 모발 명도 차트

이름 :

날짜 :

모발명도	1	2	3	4	5
웨프트					

모발명도	6	7	8	9	10
웨프트					

8-55
8-6
7-55
7-60

4 주차

색소와 컬러의 법칙 Ⅱ

(영구적 염모제의 원리)

단원명	1. 색소와 컬러의 법칙 Ⅱ 2. 염색의 원리 3. 반사빛 색상표
학습목표	1. 염색의 원리에 대해 알아본다. 2. 영구적 염색에 대해 알아본다. 3. 반사빛 색상표에 대해 알아본다. 4. 염모제의 지속시간별 분류에 대해 알아본다. 5. 반영구 염모제의 원리에 대해 알아본다. 6. 반영구 염모제의 지속시간별 분류에 대해 알아본다.
선행학습	1. 컬러의 특성에 대해 알기(컬러의 명도, 채도, 색상) 2. 영구적 염모제의 주용도, 장점 · 단점에 대해 알기 3. 반사빛 색상표 대해 알기 4. 영구적 염모제의 지속시간, 제품타입에 대해 알기 5. 반영구적 염모제의 주용도, 장점 · 단점에 대해 알기 6. 반영구 염모제의 지속시간, 제품타입에 대해 알기

	교수 · 학습의 과정(내용)	유의사항 (학습자료)
수행내용	a. 전체적인 준비와 태도, 행동점검표 b. 영구적 염모제와 반영구 염모제의 원리 c. 반사빛의 원리	(준비물) - 교수계획표 - 주교재 - 부교재 - 모발피스 (4, 5, 10LEVEL) - 탈색제 - 산화제(6%, 9%) - 염색볼 - 붓 - 저울 - 드라이기 - 매직기 - 스프레이 - 꼬리빗 - 가위 - 테이프
	a. 영구적 염모제와 반영구 염모제에 대해 학습 b. 명도의 레벨 익히기 c. 반사빛의 번호 익히기	
평 가	1. 학습한 내용에 대한 수시 점검 체크 2. 명도와 반사빛의 번호 읽어내기	
안전 유의사항	- 염모제를 안전하고 정확하게 사용하려는 노력을 한다. - 명도와 반사빛의 번호를 알수 있도록 태도를 가진다.	

1 색소와 컬러의 법칙 Ⅱ

1 색의 분류

염색의 원리

• 일시적 염색제(Temporary hair coloring)
- 색소에 수지를 혼합하여 만들어지는 제품이다.
- 색소입자가 커서 모발 내부로 들어가지 못한다.
- 수지의 접착능력으로 색소가 모표피층 사이사이에 일시적으로 부착된다.
- 본래의 모발 색보다 밝게 할 수 없다.

반영구적 · 영구적 염색의 원리

• 산성 반영구적 염색제(Semi pemanent hair coloring)
- 산화제 없이 1제만으로 작업한다
- 이온결합의 원리(심하게 손상된 모발을 산성처리
→ 양이온 하전하여 음이온을 띤 산성염료를 도포하여 이온결합)
- 산성을 띠며, 모발손상이 거의 없다.
- 착색효과가 뛰어나다.
- 산성 염료는 pH 3 상태로 만들어 컬러린스제로 사용한다.
- 모발의 윤기와 감촉을 좋게 한다.
- 젖은모발에 작업이 용이하며, 30%정도의 새치모발을 염색할 때 효과적이다.

• 영구적 염색제(Permanent hair coloring)
-모발을 자르기 전 또는 다른 염색 작업을 할때까지 색상이 유지된다.
-산성염료 보다 착색효과가 뛰어나다.
- pH 8~9의 약 알카리를 띄고 있어 모표피를 열어주고 모피질 내로 침투→수소결합 염착 시킨다.
-중성, 알카리 상태에서 염색, 일광에 약하다.
-샴푸제를 첨가하여 컬러샴푸로 사용한다.

* 알카리성 산화염색제의 원리
- 1제의 주성분 : 염료(무색), 알칼리제, 산화방지제
2제의 주성분 : 과산화수소
- 염색의 3단계
침투 : 알칼리제 작용으로 모표피에 과산화수소와 염료를 침투 혼합한다.
산화 : 산소형성 및 멜라닌 산화 → 모피질의 멜라닌 → oxymelanin(무색)
과산화의 산소 + 무색염료 → 산화중합반응 → 큰 입자 형성 → 착색

* 식물성 염색제의 원리

- 카모마일 등 식무에서 채취된 것으로 대표적으로 헤나(Henna)를 들수 있다.
- 산화제를 사용하지 않기에 모발이 가지고 있는 색보다 밝게 표현하기는 힘들다.

2 염모제의 지속 시간별 분류

1 일시적 염색

지속시간

일시적, 일회의 샴푸로 지워진다.

제품타입

컬러스프레이, 컬러무스, 컬러샴푸, 린스, 젤, 파우더

주용도

- 순간적 백모커버로 사용된다.
- 패션룩 연출, 지루한 모발 색을 약간 밝게 한다.
- 퇴색한 모발을 일시적으로 커버해 준다.
- 반영구 · 영구적 염색을 오랫동안 유지하고 싶을 때 한다.
- 색을 교정할 때 사용한다.

장점

- 모발손상이 없다.
- 모발 색상변화가 쉽다.
- 다양하고 특이한 색상연출이 된다.
- 사용법이 편리하다.

단점

- 컬러스프레이, 무스 사용할 경우 모발이 딱딱하다.
- 마찰에 의해 색소가 떨어진다.
- 땀, 수분에 약하다.

2 반영구적 염색

지속시간

보통 2 ~ 4주간, 샴푸횟수가 잦을수록 지속기간 짧아진다.

제품타입

크림, 액체, 반영구적 염색제가 함유된 샴푸류이다.

주용도

- 모발의 색이나 윤기부여
- 염색 후 2 ~ 4주 지나면서 염색제 자연히 제거
- 모발의 색을 어둡게 하거나 30% 백모커버
- 컬러체인지 시 보정색

장점

- 탈색과 병행하여 원색과 다양한 색을 낼 수 있다.
- 시술시간 제약이 낮다.
- 본래의 모발색 변화가 없으며 윤기부여와 다공성 모발의 손상된 부분을 일정기간에 메워준다.
- 두피, 피부이상이 없다.

단점

- 장기간 반복하여 염색 할 경우 모발이 뻣뻣해진다.
- 색상 차이에 위한 명도 이외에 모발의 명도나 밝기가 높지 않다.
- 어두운 모발을 밝고 선명한 색으로 염색하기 어렵다.
- 피부에 묻으면 잘 지워지지 않는다.

3 영구적 염색

지속시간

영구적이나 모발의 손상도가 클수록 빨리 퇴색된다.

제품타입

크림, 액체, 분말

주용도

- 모발색을 바꿀 때 사용한다.
- 밝게하거나 어둡게 염색하고 싶을 때 사용한다.
- 백모를 완전히 커버할 때 사용한다.
- 염색 후 지속시간이 영구적이길 원할 때 사용한다.

장점

- 탈색&착색 효과가 있으므로 모든 브리치 레벨과 여러 가지 색을 만들 수 있다.
- 100% 백모커버가 가능하다.

단점

- 모발 손상도가 높다.
- 두피 온도차에 영향을 받으므로 얼룩이 생길 염려가 있다.
- 시술시간 제약이 있다.
- 알레르기 반응을 일으킨다.(패치테스트, 스트랜드 테스트)

3 기여색소

모발색의 변화 과정을 현미경으로 들여다보면 검은머리가 금발머리로 총 10가지 다른 색상을 거치면서 밝아진다.
이때 10종류 색상을 명도별 기여색소라고 한다.
즉, 모발 내의 존재하는 멜라닌의 양을 가감하여 탈색 후 모발의 기여색소가 등급이 얼마나 정확하게 선택해야 하는가를 확실히 한다.

4 영구 염색제의 번호체계(Numbering System)

영구 염색제들을 살펴보면 다양한 번호가 있는 것을 알 수 있다.
이는 염색제의 밝고 어두운 정도의 색상을 나타내는 일련의 번호로서 각기 제조회사마다 조금씩의 차이는 있지만 일반적으로 범세계적인 공유체계를 가지고 있음을 나타낸다.

1 명도

명도란 밝고 어두움을 나타내는 용어로서 제조회사마다 약간의 차이는 있지만 일반적으로 1에서 10까지의 숫자로 나타내고 있다. 숫자가 낮을수록 어두운 색상을 나타내며 영구 염색제의 번호체계에서 앞의 숫자로 표시된다.
예를 들어 가장 어두운 명도는 1/0 혹은 1.0으로 표현한다.

2 색조(Tone)

색조란 실제적으로 우리가 눈으로 확인할 수 있는 색상 또는 빛을 통해 확인이 되는 색조를 의미하며 일반적으로 명도를 나타내는 번호 뒤에 자리를 나타낸다. 각기 제조회사마다 번호 혹은 영어의 알파벳을 사용하여 표시한다. 색조는 색상에 따라 한 가지 혹은 두 가지를 사용하기도 한다.
예시로 7.43의 염색제의 경우를 살펴보면,
명도는 7단계로서 금색 염색제의 밝기를 의미한다. 4는 붉은색으로 '1차색'이라 불리며 주요색상을 나타낸다.
3은 금색으로 '2차색'이라 불리며 주요색상 뒤로 살며시 반사되어지는 색상을 나타낸다.

3 자연 모발 명도 10단계

10 창백한 금색
9 아주 밝은 금색
8 밝은 금색
7 금색
6 어두운 금색
5 밝은 갈색
4 갈색
3 어두운 갈색
2 아주 어두운 갈색
1 흑색

4 농도와 톤

농도	톤
1/0 블루-블랙	/0 자연스런 톤
2/0 블랙	/1 회색
3/0 어두운 갈색	/2 차가운 회색
4/0 중간 갈색	/3 노랑
5/0 밝은 갈색	/4 빨강
6/0 어두운 브론드	/5 보라
7/0 중간 브론드	/6 갈색
8/0 밝은 브론드	/7 갈색
9/0 매우 밝은 브론드	/8 진주회색
10/0 밝은 브론드 외색	/9 부드러운 회색

5 반사빛

직사광선의 빛에 비추어 질 때 나타내는 색상이다.

1 컬러 반사빛 색상 선택 가이드 읽는 법

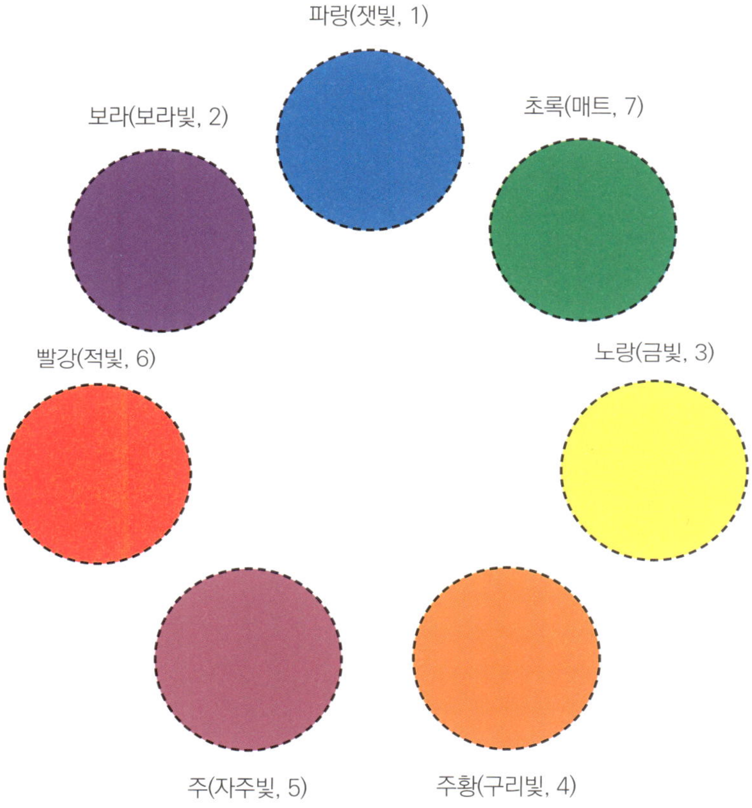

레벨명	레벨	.0 반사빛 없음	.1 잿빛	.2 보라빛	.3 금빛	.4 구리빛	.5 자주빛	.6 적빛	.7 매트	브리치 레벨
매우 밝은 갈색	13									아주 아주 밝은노랑
아주 밝은 갈색	12		12.1		12.3	12.4			12.7	아주 밝은 노랑
아주 아주 밝은 황갈색	10		10.1	10.21						밝은 노랑
아주 밝은 황갈색	9				9.3 9.03					노랑
밝은 황갈색	8		8.1		8.3	8.45				노랑 오렌지
황갈색	7				7.3	7.40 7.43 7.44				오렌지
어두운 황갈색	6		6.1	6.26	6.35	6.45	6.52	6.60 6.62 6.64 6.66		붉은오렌지
밝은 갈색	5	5.0		5.2	5.3		5.5	5.62 5.64		적색
갈색	4	4.0		4.20	4.3	4.42 4.45	4.56			
어두운 갈색	3	3.0								
아주 어두운 갈색	2		2.10							
흑색	1	1.0								

2 컬러선택 가이드 읽는 법

컬러 차트 보는 법은 2부분으로 구별된다.

예 7.43　명도 7
숫자 4 –1차색
숫자 3 –2차색

구리금빛 황금색

9.45　명도 9 – 아주 밝은 황금색
숫자 4 – 첫번째 반사 색조(75%)
숫자 5 – 두번째 반사 색조(25%)

아주 밝은 황금 구릿빛 적갈색

8.44　명도 8 – 밝은 황금색
숫자 4 – 첫번째 반사 색조(75%)
숫자4 – 두번째 반사 색조(25%)

밝은 황금빛 선명한 오렌지색

5 주차

염색의 원리 I

(난색 색상변화 염모제 비교임상)

단원명	1. 따뜻한 색상 산화 염모제 비교 임상 2. 반사빛 색상표 3. 난색 색상변화 염모제 비교임상 4. 차가운 색상 · 따뜻한 색상 산화 염모제 비교 임상
학습목표	1. 영구적 염색에 대해 알아본다. 2. 반사빛 색상표에 대해 알아본다. 3. 난색 색상변화 염모제를 비교 임상해본다. 4. 따뜻한 색조와 차가운 색조의 차이점을 알아낸다.
선행학습	1. 따뜻한 색조와 차가운 색조의 차이점을 알아내기 2. 영구적 염모제의 주용도, 장점 · 단점에 대해 알기 3. 반사빛 색상표 대해 알기

	교수 · 학습의 과정(내용)	유의사항 (학습자료)
수행내용	a. 전체적인 준비와 태도, 행동점검표 b. 중간범주와 밝은 범주의 산화 염모제 비교 임상하기 c. 반사빛 난색계열 산화 염모제 비교 임상하기 1. 학습한 내용에 대한 수시 점검 체크 2. 염색 올바른 도포법 체크	(준비물) - 교수계획표 - 주교재 - 부교재 - 모발피스 (4, 10LEVEL) - 탈색제 - 산화제(6%, 9%) - 염색볼 - 붓 - 저울 - 드라이기 - 매직기 - 스프레이 - 꼬리빗 - 가위 - 테이프
평 가	1. 학습한 내용에 대한 수시 점검 체크 2. 동일한 비율로 조제하여 만들어지는 색상 체크 3. 색의 이해와 색상환에 관한 지식 체크 4. 색의 명도와 채도를 분석하는 능력 체크	
안전 유의사항	- 염모제를 안전하고 정확하게 사용하려는 노력을 한다. - 자연처리와 가온기 적용시간을 준수하는 태도를 가진 다.	

컬러처방 제품 테스트 차트

[난색 - 따뜻한 색상 산화 염모제 비교 임상예시]

이름 :

날짜 :

희 망 컬 러									
원모발 명 도 (Level)									
염모제 레벨									

＊제 조 회 사 :

＊제 품 명 :

＊처 방 비 율 :

＊방 치 시 간 :

＊가 온 상 태 :

＊결 과 분 석 :

6 주차

염색의 원리 Ⅱ

(한색 색상변화 염모제 비교임상)

단원명	1. 차가운 색상 산화 염모제 비교 임상 2. 반사빛 색상표 3. 한색 색상변화 염모제 비교임상 4. 차가운 색상 · 따뜻한 색상 산화 염모제 비교 임상
학습목표	1. 영구적 염색에 대해 알아본다. 2. 반사빛 색상표에 대해 알아본다. 3. 한색 색상변화 염모제를 비교 임상해본다. 4. 따뜻한 색조와 차가운 색조의 차이점을 알아낸다.
선행학습	1. 따뜻한 색조와 차가운 색조의 차이점을 알아내기 2. 영구적 염모제의 주용도, 장점 · 단점에 대해 알기 3. 반사빛 색상표에 대해 알기

	교수 · 학습의 과정(내용)	유의사항 (학습자료)
수행내용	a. 전체적인 준비와 태도, 행동점검표 b. 중간범주와 밝은 범주의 산화 염모제 비교 임상하기 c. 반사빛 한색계열 산화 염모제 비교 임상하기	(준비물) - 교수계획표 - 주교재 - 부교재 - 모발피스 (5, 7, 10LEVEL) - 탈색제 - 산화제(6%, 9%) - 염색볼 - 붓 - 저울 - 드라이기 - 매직기 - 스프레이 - 꼬리빗 - 가위 - 테이프
평 가	1. 학습한 내용에 대한 수시 점검 체크 2. 염색 올바른 도포법 체크	
안전 유의사항	- 염모제를 안전하고 정확하게 사용하려는 노력을 한다. - 자연처리와 가온기 적용시간을 준수하는 태도를 가 다.	

컬러처방 제품 테스트 차트

[한색 - 차가운 색상 산화 염모제 비교 임상예시]

이름 :

날짜 :

희 망 컬 러									
원모발 명 도 (Level)									
염모제 레벨									

＊제 조 회 사 :

＊제 품 명 :

＊처 방 비 율 :

＊방 치 시 간 :

＊가 온 상 태 :

＊결 과 분 석 :

7 주차

반영구 염모제의 원리 I

(난색 색상변화 반영구염모제 비교임상)

단원명	1. 반영구 염모제의 원리 2. 따뜻한 색상 산화 염모제 비교 임상 3. 반사빛 색상표 4. 따뜻한 색상(난색)과 차가운 색상(한색) 반염모제 비교 임상
학습목표	1. 따뜻한 색조와 차가운 색조의 차이점을 알아낸다. 2. 반사빛 색상표에 대해 알아본다. 3. 반영구 염모제의 원리에 대해 알아본다. 4. 반영구 염모제의 지속시간별 분류에 대해 알아본다.
선행학습	1. 컬러의 특성에 대해 알기(컬러의 명도, 채도, 색상) 2. 따뜻한 색조와 차가운 색조의 차이점을 알아내기 3. 반사빛 색상표 대해 알기 4. 반영구 염모제의 지속시간, 제품타입에 대해 알기

	교수 · 학습의 과정(내용)	유의사항 (학습자료)
수행내용	a. 전체적인 준비와 태도, 행동점검표 b. 낮은 범주와 중간 범주, 밝은 범주의 산화 염모제 비교 임상하기 c. 반사빛 난색계열 산화 염모제 비교 임상하기	(준비물) - 교수계획표 - 주교재 - 부교재 - 모발피스 (1, 3, 5, 10LEVEL) - Y, R, O - 염색볼 - 붓 - 저울 - 드라이기 - 매직기 - 스프레이 - 꼬리빗 - 가위 - 테이프
평 가	1. 학습한 내용에 대한 수시 점검 체크 2. 염색 올바른 도포법 체크	
안전 유의사항	- 염모제를 안전하고 정확하게 사용하려는 노력을 한다. - 자연처리와 가온기 적용시간을 준수하는 태도를 가진 다.	
평 가	1. 학습한 내용에 대한 수시 점검 체크 2. 반영구염색 올바른 도포법 체크	
안전 유의사항	- 염모제를 안전하고 정확하게 사용하려는 노력을 한다. - 자연처리와 가온기 적용시간을 준수하는 태도를 가진다.	

실습 자료

컬러처방 제품 테스트 차트

[난색 - 따뜻한 색상 반영구 염모제 비교 임상예시]

이름 :

날짜 :

희망 컬러	Y			R			O		
원모발 명도 (Level)									
염모제 레벨									

※ 제 조 호 사 :

※ 제 품 명 :

※ 방 치 시 간 :

※ 가 온 상 태 :

※ 결 과 분 석 :

8 주차

직무능력평가 I

담당교수		교과목명	기초헤어컬러링
학 번		능력단위명 (능력단위 코드)	• 헤어컬러분석 (1201010124_17v4) • 베이직헤어컬러 (1201010124_17v4) • 그레이 헤어컬러 (1201010126_17v4)
이 름			
평가날짜			

평가영역	평가내용(수행준거)	평가구분		판정	
		과정평가	결과평가	Y	N
헤어컬러 분석	1. 모발의 생리적 기능에 대해 이해할 수 있는가? 2. 멜라닌의 분포 및 역할에 대해 이해할 수 있는가? 3. 색의 3속성에 대해 이해할 수 있는가? 4. 색의 혼합에 대해 이해할 수 있는가? 5. 보색 및 색의 대비효과에 대해 이해할 수 있는가? 6. 한색과 난색에 대해 이해할 수 있는가?				
소 계	%			점	
평가점수	평가내용(K/S/A/T포함 자율평가)				
	총 점 :				

Hair Coloring

9 주차

반영구 염모제의 원리 Ⅱ

(한색 색상변화 반영구 염모제 비교임상)

강의주차
9/15

단원명	1. 반영구 염모제의 원리 2. 차가운 색상 산화 염모제 비교 임상 3. 반사빛 색상표 4. 따뜻한 색상(난색)과 차가운 색상(한색) 반영구 염모제 비교 임상
학습목표	1. 따뜻한 색조와 차가운 색조의 차이점을 알아낸다. 2. 반사빛 색상표에 대해 알아본다. 3. 반영구 염모제의 원리에 대해 알아본다. 4. 반영구 염모제의 지속시간별 분류에 대해 알아본다.
선행학습	1. 컬러의 특성에 대해 알기(컬러의 명도, 채도, 색상) 2. 따뜻한 색조와 차가운 색조의 차이점을 알아내기 3. 반사빛 색상표 대해 알기 4. 반영구 염모제의 지속시간, 제품타입에 대해 알기

	교수 · 학습의 과정(내용)	유의사항 (학습자료)
수행내용	a. 전체적인 준비와 태도, 행동점검표 b. 낮은 범주와 중간 범주, 밝은 범주의 산화 염모제 비교 임상하기 c. 반사빛 한색계열 산화 염모제 비교 임상하기	(준비물) - 교수계획표 - 주교재 - 부교재 - 모발피스 (1, 6, 8, 9LEVEL) - B, G, V - 염색볼 - 붓 - 저울 - 드라이기 - 매직기 - 스프레이 - 꼬리빗 - 가위 - 테이프
평 가	1. 학습한 내용에 대한 수시 점검 체크 2. 반영구 염모제 올바른 도포법 체크	
안전 유의사항	- 염모제를 안전하고 정확하게 사용하려는 노력을 한다. - 자연처리와 가온기 적용시간을 준수하는 태도를 가진다.	

컬러처방 제품 테스트 차트

[한색 - 차가운 색상 반영구 염모제 비교 임상예시]

이름 :

날짜 :

희망 컬러	B			G			Y		
원모발 명도 (Level)									
염모제 레벨									

* 제조회사 :
* 제품명 :
* 방치시간 :
* 가온상태 :
* 결과분석 :

10 주차

보색 중화하기

단원명	컬러의 법칙 – 보색중화의 원리
학습목표	1. 컬러의 법칙 보색관계를 만들어낸다. 2. 컬러의 법칙 보색관계를 혼합하여 갈색을 만들어낸다. 3. 보색 중화하기(한색 + 난색)
선행학습	1. 따뜻한 색조와 차가운 색조의 차이점을 알아낸다. 2. 샴푸 블리치의 목적과 처방에 대해 알아본다. 3. 클린징(Cleansing)의 목적과 처방에 대해 알아본다. 4. 재염색 방법에 대해 알아둔다.

	교수 · 학습의 과정(내용)	유의사항 (학습자료)
수행내용	a. 전체적인 준비와 태도, 행동점검표 b. 보색관계 만들기 준비 c. 컬러 체인지를 위한 재염색 방법 준비	(준비물) – 교수계획표 – 주교재 – 부교재 – 모발피스 (1, 3, 5, 6, 9, 10lever) – Y, R, B – 탈색제 – 산화제(6%, 9%) – 염색볼 – 저울 – 드라이기 – 매직기 – 스프레이 – 꼬리빗 – 가위 – 테이프
	a. 보색관계 만들기 Y + V = B R + G = B B + O = B b. 1차 도포된 블리치 → 2차 샴푸블리치(핸드링) → 탈색작업(핸드링) → 3차 보색 컬러체인지 → 분석결과 내기	
평 가	1. 학습한 내용에 대한 수시 점검 체크한다. 2. 헤어컬러를 중화하는 보색 선택을 할 수 있는 능력을 본다.	
안전 유의사항	– 염모제를 안전하고 정확하게 사용하려는 노력을 한다. – 자연처리와 가온기 적용시간을 준수하는 태도를 가진다.	

1 보색

- 색상환에서 볼 때 정반대 편에 놓인 색상이다.
- 유사색끼리의 배색은 차분한 느낌을 주는 반면 보색끼리 조화를 이루면 서로의 색은 선명해 보이며 명랑하고 개성있는 표현이 될 수 있고 강하고 활동적이며 발랄한 느낌을 표현하는 데 효과적이다.

2 삼원색의 염모제를 혼합하여 만드는 색 배합의 비율

- 검정 : 노랑 : 빨강 : 파랑 = 1 : 1 : 1
- 갈색 : 노랑 50% + 빨강 30% + 파랑 20%
- 자색 : 노랑 20% + 빨강 10% + 파랑 70%
- 금색 : 노랑 60% + 빨강 30% + 파랑 10%
- 주황색 : 노랑 30% + 빨강 70% + 파랑 0%
- 마호가니 : 노랑 10% + 빨강 70% + 파랑 20%

3 보색대비

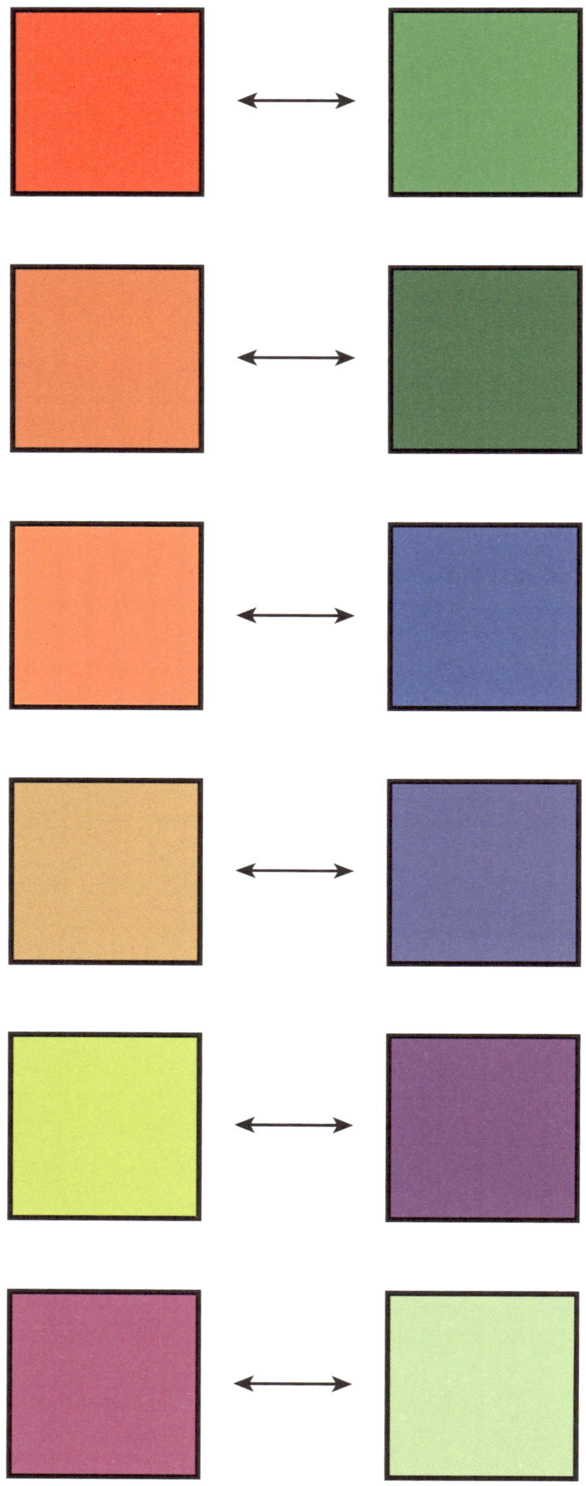

4 재염색 방법

1 프리 피그멘테이션(Pre Pigmentation)

목적

색상이 너무 밝거나 컬러가 3레벨 이상 밝은 경우 또는 모발 손상이 심할 때 레벨을 다운시키기 위한 작업이다.

처방

휠러 색상 + 온수

2 샴푸 블리치(Shampoo Bleach)

목적

자연모발에서 염색을 1레벨 밝게 원할 경우 기여 색소를 약화시켜 색조를 중화하거나 바꾸고 싶을 때 사용하는 테크닉이다.

처방

탈색제(10g) + 산화제 6%(30ml) + 샴푸(6ml) + 온수(30ml)로 원하는 색조가 제거될 때까지 작업을 수행하도록 한다.

3 사전 연화(Pre Softening)

목적

처녀도, 뻣뻣한 백모, 신생모가 6cm 이상일 때 유화시켜 주는 작업이다.

처방

산화제 6%만 사용하여 도포하며, 10 ~ 15분 드라이 건조 후에 염색을 하도록 한다.

4 클린징(Cleansing)

목적

현재의 색조를 지우고 원하는 색상으로 염색하는 기법을 말한다.

처방

탈색제(10g) + 산화제 6%(10ml) + 샴푸(10ml) + 온수(10ml)

1 : 1 : 1 : 1

5 컬러체인지 = 기여색소 + 인공색소 = 최종컬러

1 난색 - (?) = 자연스러운 갈색

Yellow컬러 + Violet의 보색으로 클린징 작업이 이루어진다면 = 최종 얻고자 하는 레벨 갈색의 결과를 알 수 있다.

노랑색의 보색은 보라색이며 최종 결과 색을 표현하기 위해서는 보라 - 투명을 혼합하여 베이스 명도와 동일하게 하도록 한다.

Red컬러 + Green의 컬러 보색으로 클린징 작업이 이루어진다면 = 최종 얻고자 하는 레벨 오렌지 컬러의 결과를 확인할 수 있다. 다시 3차 보색의 컬러로 클린징 작업이 이루어지면 얻고자 하는 레벨 갈색의 결과를 알 수 있다.

빨강색의 보색은 녹색이며 최종 결과 색을 오렌지로 하기 위해서는 샴푸 블리치하여 기여 색소를 약화시킨 후 노랑을 더해주도록 한다.
여기서 갈색의 컬러를 얻고자 한다면 3차 클린징작업을 통해 얻을 수 있다.

2 한색 - (?) = 자연스러운 갈색 / 차가운 갈색

Blue컬러 + Orange(보색) = 갈색 / ( )

컬러처방 제품 테스트 차트

실습 자료

[보색중화 - 난색(Y) - 따뜻한 색상을 갈색으로 지우기 작업]

이름 :

날짜 :

희망컬러	Y→Brown	Y→Brown	Y→Brown
원모발명도	Level	Level	Level

※ 제 조 회 사 :

※ 제　품　명 :

※ 처 방 비 율 :

※ 방 치 시 간 :

※ 가 온 상 태 :

※ 결 과 분 석 :

실습 자료

컬러처방 제품 테스트 차트

[보색중화 - 난색(R) - 따뜻한 색상을 갈색으로 지우기 작업]

이름 :

날짜 :

희망컬러	R→Brown	R→Brown	R→Brown
원모발명도	Level	Level	Level

※ 제 조 회 사 :

※ 제　　품　　명 :

※ 처 방 비 율 :

※ 방 치 시 간 :

※ 결 과 분 석 :

실습 자료

컬러처방 제품 테스트 차트

[보색중화 - 한색(B)-차가운 색상을 갈색으로 지우기 작업]

이름 :

날짜 :

희망컬러	B→Brown	B→Brown	B→Brown
원모발명도	Level	Level	Level

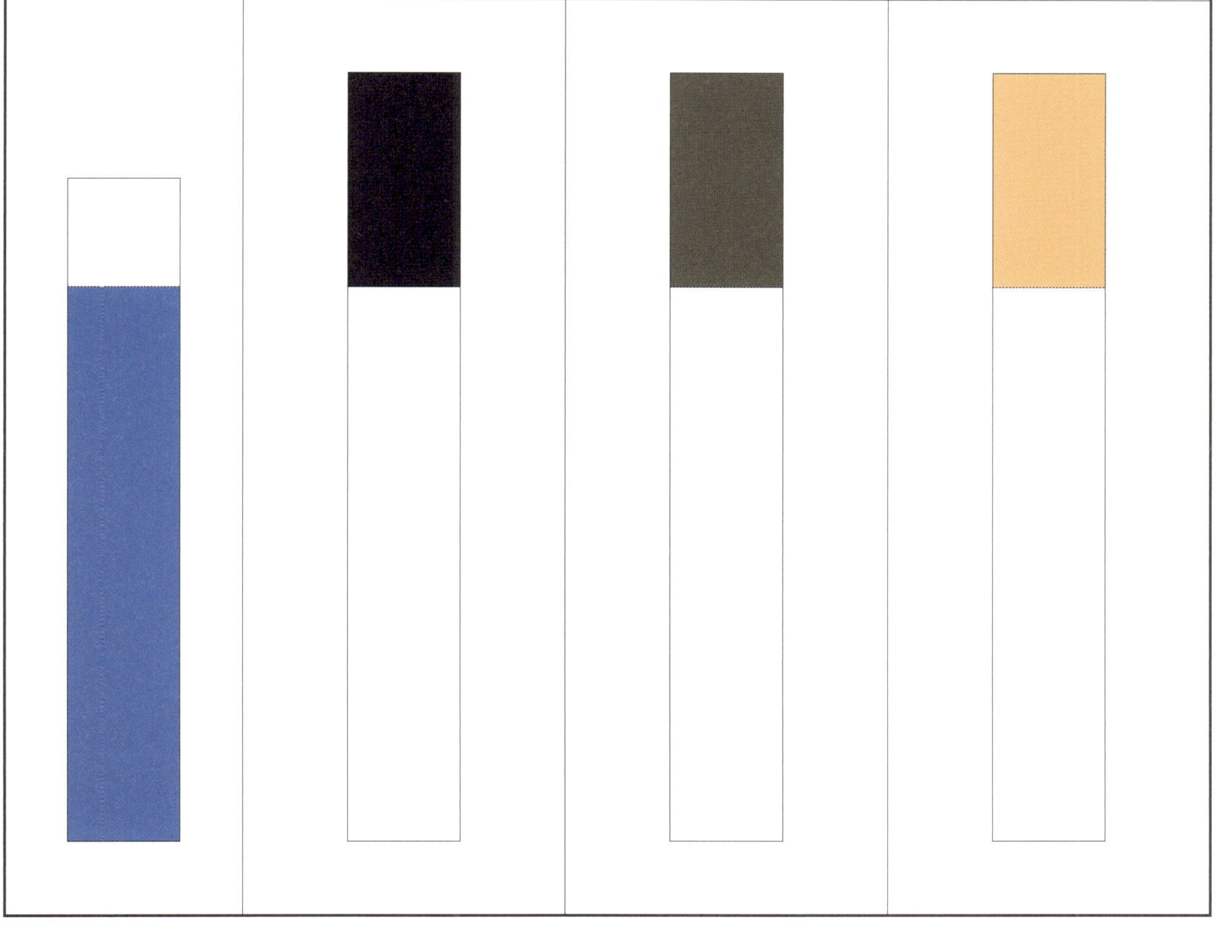

＊제 조 회 사 :
＊제　품　명 :
＊방 치 시 간 :
＊가 온 상 태 :
＊결 과 분 석 :

수행 tip

- 금색의 모발을 중화시키고자 할 때는 보색인 보라색의 염색제를 사용하여 갈색으로 만들 수 있다.
- 보색 중화 주의 시 같은 명도와 같은 채도의 염색제를 반드시 사용하도록 한다.
- 약재 혼합 시 금속으로 된 용기나 혼합용 스틱은 산화 염색의 작용 저해요인이 되기 때문에 유리나 플라스틱 도구를 사용하도록 한다.

11주차

헤어컬러링 테크닉 I

강의주차
11 / 15

단원명	Coloring 모발 진단 및 통가발 염색하기
학습목표	1. 모발상태에 대해 알아본다. 2. 모발 타입별 도포 순서 및 방치시간을 기제 한다. 3. 제품선택 및 사용량에 대해 기제 한다. 4. 디자인 테크닉에 대해 기제한다.
선행학습	1. 모발 타입별 도포 및 방치시간에 대해 알기 2. 모발상태에 따른 디자인 테크닉 알기

	교수 · 학습의 과정(내용)	유의사항 (학습자료)
수행내용	a.전체적인 준비와 태도, 행동점검표 a. 통가발 염색하기 약제선정 → 패치Test → 전처리 → 염모제 도포 → 방치 타입 → 유화작업 → 샴푸&컨디셔너 b. 사진첨부	(준비물) - 교수계획표 - 주교재 - 부교재 - 마네킹 - 빔프로젝터 - 염색제 - 장갑 - 호일 - 염색볼 - 염색붓 - 드라이기 - 타올
평 가	1. 학습한 내용에 대한 수시 점검 체크 2. 베이직 헤어컬러에 대해 신속 · 정확하게 터치할 수 있는지 체크 3. 베이직 헤어컬러 제품 및 사용목적에 따라 적용 시간을 확인하는 능력	
안전 유의사항	- 염모제의 정확한 도포를 위한 노력을 한다. - 염모제 처리시간을 준수하는 태도를 가진다. - 신속하고 안전하게 서비스하려는 의지를 가진다. - 도포방법에 따른 염색결과를 확인하는 태도를 가진다.	

1 베이직 헤어컬러하기

1 패치 TEST

정의

2제식의 염색제는 부작용(가려움증)을 일으킬 수 있으므로 고객의 알레르기 과민성 여부를 확인하기 위해서는 팔 안쪽의 부드러운 곳에 염색 48시간 전에 피부테스트를 실시한다.

TEST 방법

- 시술할 염모제 소량 혼합
- 혼합 염모제를 면봉을 이용해 덜어냄
- 손목안쪽 or 팔 안쪽 도포
- 반드를 이용해 덮기(방치 48시간)
- 반드제거 후 티슈로 닦기
- 피부에 대한 자극도 확인

2 유화작업

지속력을 높여주는 효과로 샴푸하기 직전에 꼭 해야 한다.

- 착색이 불안정한 부분을 안정되게 착색(컬러연결)
- 모표피와 두피에 묻은 염모제가 피부에 염착을 방지한다.
- 염모제가 깨끗이 지워진 상태에서 샴푸, 컨디셔너로 마무리한다.
- 염색 후 바로 매니큐어 시술 시 투명은 단독 사용하지 않는다.

3 염색의 시술 순서

- 약제선정
- 패치테스트
- 전처리
- 염고제도포
- 방치 타임
- 유화작업
- 샴푸 & 컨디셔너

4 도포 테크닉

도포순서

- 체온이 낮은 네이프라인 먼저 도포해 둔다.
- 체온이 높은 톱과 모발이 가는 페이스라인을 나중에 도포한다.

도포량과 요령

- 체온이 높은 톱(Top)과 모발이 가는 페이스라인 쪽은 밝게 되기 쉬우므로 톱 & 페이스라인으로 갈수록 도포량을 얇게 한다. 도포량은 적게 바르고 세워서 터치하도록 한다.
- 구레나룻 부분과 아래 부분은 모질이 강하고 터치가 잘되지 않으므로 발색이 덜 나온다. 그러므로 도포량을 많이 바르고 눕혀서 터치하도록 한다.

5 염색 · 퇴색 · 탈염의 차이

염색

모발인 머리카락에 염료를 이용하여 색을 입히는 작업이다.
(종류에 따라 일시적, 반영구적, 영구적으로 나뉜다.)

퇴색

- 색이 빠져버리는 것, 블리치는 시술 시 모발의 큐티클층을 많이 열기 때문에 그만큼 색이 빠지기도 쉽다.
- 기타 햇볕이나 펌 같은 화학처리에 의한 퇴색도 있다.
- 퇴색방지 샴푸를 사용하면 좋다.

탈염

모발에 작용된 염모성분을 제거, 컬러체인지 과정에 사용, 염색한 색상(인공색소)를 빼는 것, 컬러 클리너, 컬러 리무버라고도 한다.

2 영구 염색제의 도포 방법

원터치

두피에서 모발 끝까지 한번에 도포하는 것을 말한다.

투터치

두피에서 1 ~ 2cm 이하를 제외한 스트랜드 부분을 도포하고 일정 작용시간 후 나머지 부분을 도포하는 방법이다.

주로 희망색이 자연 모발 색상보다 밝고 모발 길이가 긴 경우 모발 길이에 따라 염색진행 속도가 다르다. 모발 전체의 균일한 염색을 위하여 사용하는 방법이다.

쓰리터치

두피에서 20cm를 제외한 모발의 끝 부분을 도포한 다음 일정작용 시간 후 두피에서 1 ~ 2cm를 제외한 부분에 염색제를 도포한다. 다시 일정작용 시간까지 방치하였다가 두피쪽 1~2cm 부위에 염색제를 도포하는 방법이다.

도포색이 자연 모발 색상보다 밝고 모발 길이가 20cm 이상인 경우 모발 길이에 따라 염색의 진행 속도가 다르기에 모발 전체의 균일한 염색을 위해서 사용하는 방법이나 디자이너가 의도하는 작품의 디자인을 위해서도 사용할 수 있다.

두피로부터 2cm 이하 도포

두피로부터 2cm 이하까지 도포하는 방법이다. 보통 신생모가 2cm 이하인 경우로 기존의 컬러와 조화를 이루도록 하기 위해 사용하는 기법이나 경우에 따라서는 작품의 고유한 디자인을 위해서도 사용할 수 있다.

위빙 후 도포

모발의 스트랜드를 위빙한 후에 위빙된 모발에 염색약을 재도포하는 방법이다.

모발과 사용할 염색약의 명도 및 채도 차이가 작은 경우에는 전체적으로 자연스러운 분위기를 가져올 수 있다. 큰 경우에는 개성 있고 독특한 작품들을 연출할 수 있다.

모발 끝 부분 도포

모발 스트랜드에서 원하는 높이만큼에 모발의 끝 부분에 도포하는 테크닉이다.

좌우 혹은 앞머리의 일정한 부위의 스트랜드 중 모발 끝에 원하는 색상을 줌으로써 강조하는 개성 있는 작품을 연출할 수 있다.

학습 자료

Coloring 모발 진단표 임상지

모 델 명 : 시술자 :

시술날짜 : 성 별 :

1. Before consultation

• 현재 모발상태

1) 명도 : Level
2) 모발길이(Short, Medium, Long)
3) 모발의 굵기(굵은모, 보통모, 가는모)
4) 화학적 처리(퍼머모, 염색모, 탈색모)
5) 손상도(부분손상모, 전체손상모, 극손상모)
6) 흰머리의 비율(30%, 50%, 70%, 100%)

• 희망 이미지

1) 희망색 :
2) 컬 러 :
3) 스타일 :

2. Process consultation

• 시술내용

□ 펌 □ 염색 □ 블랙머리 □ 탈색 □ 매직펌

• 제품선택 및 색상번호

1) 헤어컬러링 ( )
2) 탈 색 제 ( )
3) 헤어매니큐어 ( )
4) 기 타

• 사용량

1제(g) 2제(ml)

• 작용시간

자연방치(분) 열처리(분)

3. 모발 타입별 도포 순서

• 멋내기 염색

1) 처음염색(원터치, 투터치, 쓰리터치)

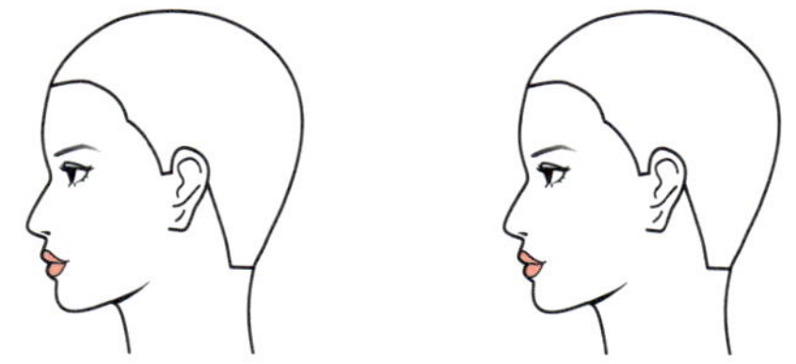

2) 재염색(3cm 이하, 3cm 이상)

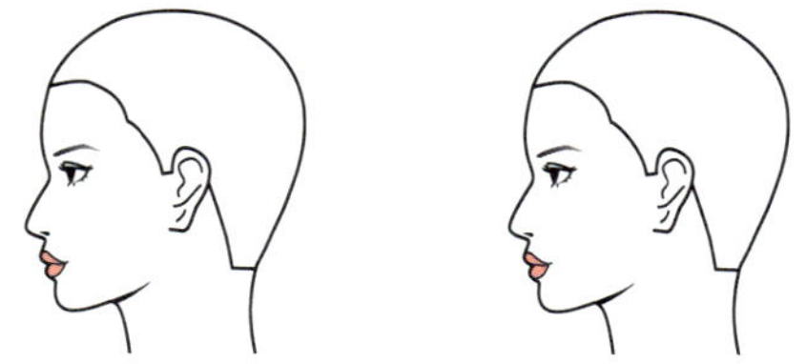

3) 흰머리염색(처음염색, 재염색)

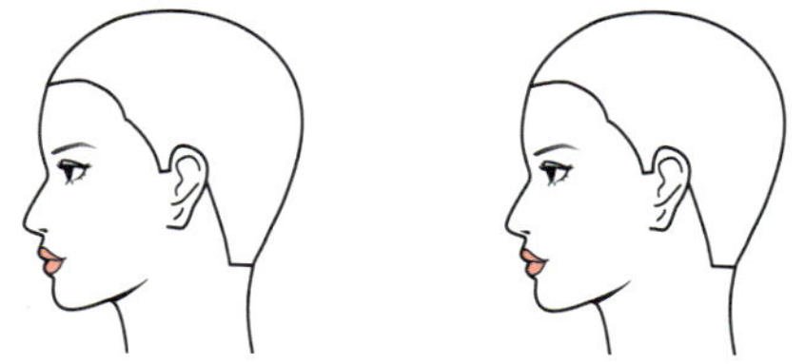

4. 디자인 테크닉

5. After consultation

• 플랜의 제안

– 샴푸/린스/트리트먼트
– 스타일링제

Coloring 모발 진단표 임상지

모 델 명 : 시술자 :

시술날짜 : 성 별 :

1. Before consultation

- 현재 모발상태
  1) 경도 : Level
  2) 모발길이(Short, Medium, Long)
  3) 모발의 굵기(굵은모, 보통모, 가는모)
  4) 화학적 처리(퍼머모, 염색모, 탈색모)
  5) 손상도(부분손상모, 전체손상모, 극손상모)
  6) 흰머리의 비율(30%, 50%, 70%, 100%)

- 희망 이미지
  1) 희망색 :
  2) 컬 러 :
  3) 스타일 :

2. Process consultation

- 시술내용
  □ 펌 □ 염색 □ 블랙머리 □ 탈색 □ 매직펌

- 제품선택 및 색상번호
  1) 헤어컬러링 ( )
  2) 탈 색 제 ( )
  3) 헤어매니큐어 ( )
  4) 기 타

- 사용량
  1제(g) 2제(ml)

- 작용시간
  자연방치(분) 열처리(분)

3. 모발 타입별 도포 순서

- 멋내기 염색
  1) 처음염색(원터치, 투터치, 쓰리터치)

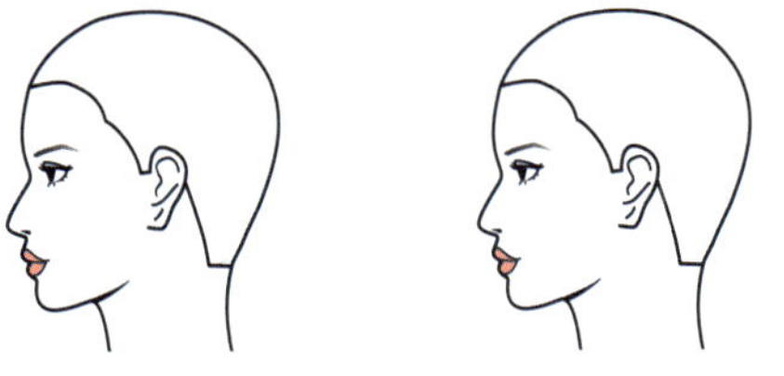

  2) 재염색(3cm 이하, 3cm 이상)

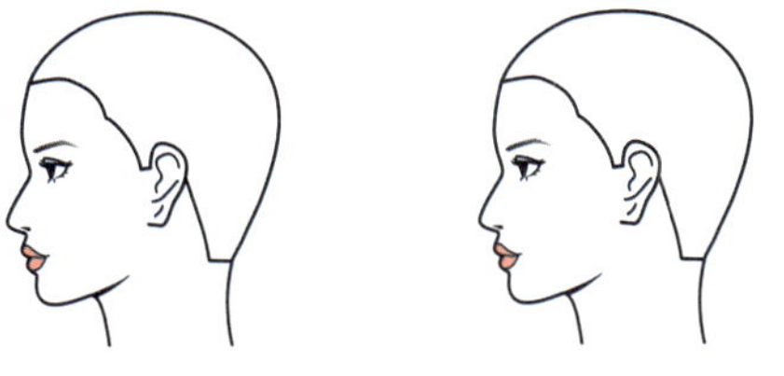

  3) 흰머리염색(처음염색, 재염색)

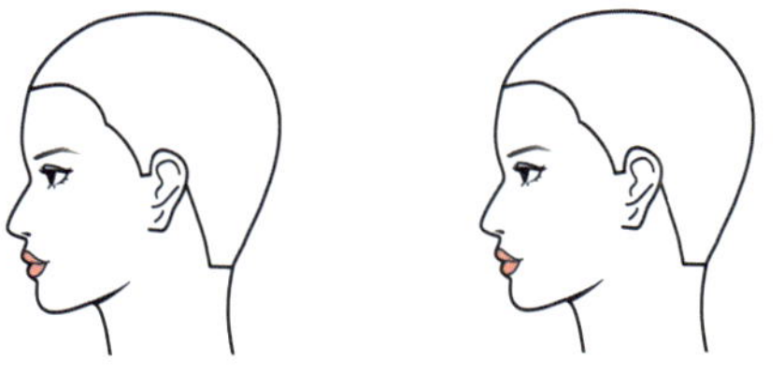

4. 디자인 테크닉

5. After consultation

- 플랜의 제안
  - 샴푸/린스/트리트먼트
  - 스타일링제

학습 자료

Coloring 모발 진단표 임상지

모 델 명 :	시술자 :
시술날짜 :	성　별 :

1. Before consultation

- 현재 모발상태
  1) 명도 :　　Level
  2) 모발길이(Short, Medium, Long)
  3) 모발의 굵기(굵은모, 보통모, 가는모)
  4) 화학적 처리(퍼머모, 염색모, 탈색모)
  5) 손상도(부분손상모, 전체손상모, 극손상모)
  6) 흰머리의 비율(30%, 50%, 70%, 100%)

- 희망 이미지
  1) 희망색 :
  2) 컬　러 :
  3) 스타일 :

2. Process consultation

- 시술내용
  □ 펌 □ 염색 □ 블랙머리 □ 탈색 □ 매직펌

- 제품선택 및 색상번호
  1) 헤어컬러링 (　　　　　　　　　　)
  2) 탈　색　제 (　　　　　　　　　　)
  3) 헤어매니큐어 (　　　　　　　　　　)
  4) 기 타

- 사용량
  1제(　　　　　g)　2제(　　　　　ml)

- 작용시간
  자연방치(　　　　분)　열처리(　　　　분)

3. 모발 타입별 도포 순서

- 멋내기 염색
  1) 처음염색(원터치, 투터치, 쓰리터치)

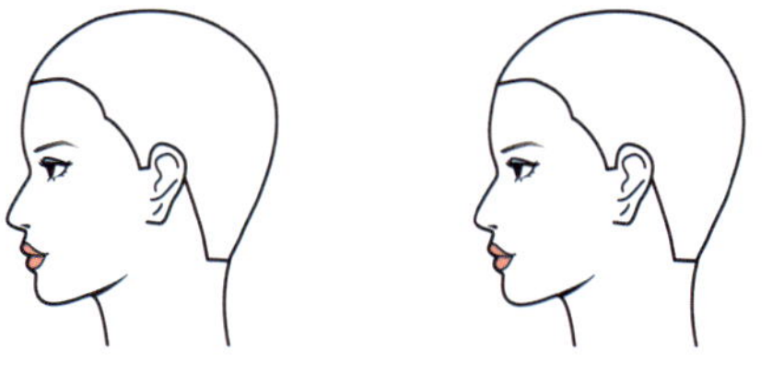

  2) 재염색(3cm 이하, 3cm 이상)

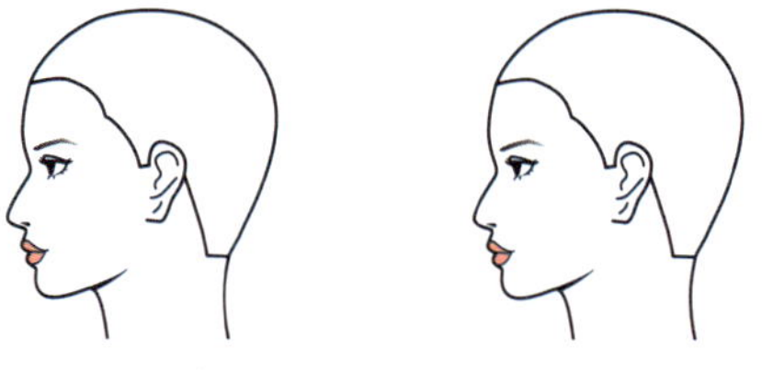

  3) 흰머리염색(처음염색, 재염색)

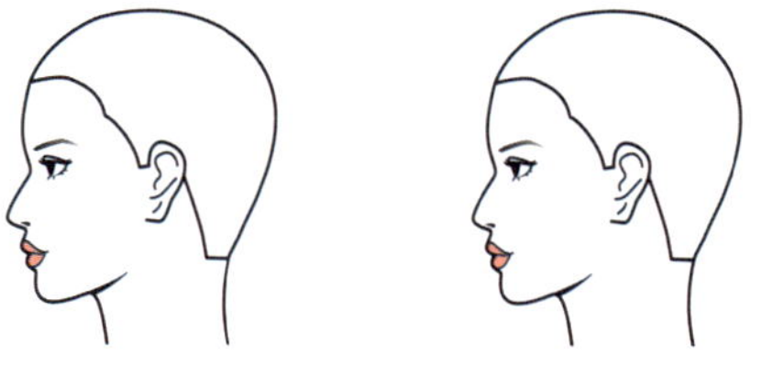

4. 디자인 테크닉

5. After consultation

- 플랜의 제안
  - 샴푸/린스/트리트먼트
  - 스타일링제

Hair Coloring

12주차

헤어컬러링 테크닉 Ⅱ (컬러링 모발 진단 및 임상실습하기)

단원명	그레이 컬러하기 - 영구 염모제의 도포 방법(Base-to-ends Application) 버진헤어 도포기법 + 흰머리 도포기법
학습목표	1. 영구 염색제의 도포 방법에 대해 알아본다. 2. 모발을 따라 도포하는 보편적인 컬러 도포 방법을 열거한다.
선행학습	1. 깔끔하고 정확한 파팅 2. 깨끗한 도포 3. 원하는 정도로 컬러 결과

	교수 · 학습의 과정(내용)	유의사항 (학습자료)
수행내용	a. 전체적인 준비와 태도, 행동점검표 b. 구역나누어 컬러 도포 테크닉 c. 정확한 섹션 나누기와 파팅 테크닉 a. 버진헤어와 흰머리 컬러 터치 익히기 b. 꼼꼼한 약액 도포 익히기 c. 열전도율의 라인을 체크하여 컬러 터치하기	(준비물) - 교수계획표 - 주교재 - 부교재 - 통가발 - 염색재 - 산화제(6%) - 염색볼 - 붓 - 저울 - 드라이기 - 매직기 - 스프레이 - 꼬리빗 - 가위 - 테이프 - 장갑
평 가	1. 학습한 내용에 대한 수시 점검 체크 2. 그레이헤어컬러 영구염모제의 도포 방법에 대해 먼저 열전도율의 라인을 정확히 체크하여 도포하는 절차와 신속·정확성을 체크	
안전 유의사항	- 피부에 묻은 염모제를 깨끗하게 제거하는 자세를 가진다.	

❶ 백모염색의 모발상태

- 모표피의 유착상태가 매우 밀접한 유리질의 특성을 지닌 저항성모이다.
- 헤어 컬러의 발색도 쉽지 않다.
- 백모는 검은색 모발보다 지질과 소수성의 아미노산 함유량이 많아서, 친유성이 강한 알카리 염모제를 도포하면 튕겨내지는 흡수하지 않는 성질을 가지고 있다.
- 멜라닌 색소의 부재가 눈으로 확인이 가능하다.
- 백모량 : 30%, 50%, 70%

❷ 도포테크닉

- 사전연하
- 사전착색(Pre-pigmentation)

❸ 염색약 혼합 비율

- 기본색 : 희망색 = 1 : 3
- 기본색 : 희망색 = 1 : 1
- 기본색 : 희망색 = 3 : 1

4 백모의 사전연하

백모와 같은 저항성모의 경우 염색에 대한 저항성을 가지고 있으므로 본 염색시술 전에 모발을 연하시킴으로써 모발의 저항성을 저하시키는 방법이다.

- 6% 과산화수소를 준비
- 도포 : 백모에 과산화수소를 도포
- 작용시 간 10 ~ 15분 자연방치
- 건조헤어 드라이기를 사용하여 모발을 건조
- 본 염색 : 백모 양에 따라
  산화염료(1제) : 6% 과산화수소(2제) = 1 : 1로 혼합 후 도포
- 작용시간 : 35 ~ 50분 자연방치
- 샴푸

5 백모의 사전착색

부분적으로 백모가 밀집된 경우 사전착색법을 이용하여 본 염색시술 전에 백모를 커버하는 방법이다.

- 혼합 : 사전착색 색상(Filler) – 미지근한 물 = 1 : 1
- 도포 : 백모에만 혼합액을 원 터치
- 본 염 색 작용시간 두지 않고, 백모 양에 따라 혼합된 염색 1제 : 6% 과산화수소 = 1 : 1로 혼합 후 도포
- 작용시간 : 35 ~ 40분 자연방치
- 샴푸

6 재염색(Re-growth Touch)

모발상태		도포 테크닉
명도	길이	
기염부가 신생모 색상보다 어둡다.	모발 길이에 영향을 받지 않는다.	원터치
기염부가 신생모 색상보다 밝다. (사전탈색은 처녀모 시술과 동일하게 적용)	2cm 이하 2cm 이상	원터치 투터치

학습 자료

Coloring 모발 진단표 임상지

모 델 명 : 시술자 :

시술날짜 : 성 별 :

1. Before consultation

- 현재 모발상태
  1) 명도 : Level
  2) 모발길이(Short, Medium, Long)
  3) 모발의 굵기(굵은모, 보통모, 가는모)
  4) 화학적 처리(퍼머모, 염색모, 탈색모)
  5) 손상도(부분손상모, 전체손상모, 극손상모)
  6) 흰머리의 비율(30%, 50%, 70%, 100%)

- 희당 이미지
  1) 희망색 :
  2) 컬 러 :
  3) 스타일 :

2. Process consultation

- 시술내용
  □ 펌 □ 염색 □ 블랙머리 □ 탈색 □ 매직펌

- 제품선택 및 색상번호
  1) 헤어컬러링 ( )
  2) 탈 색 제 ( )
  3) 헤어매니큐어 ( )
  4) 기 타

- 사용량
  1제(g) 2제(ml)

- 작용시간
  자연방치(분) 열처리(분)

3. 모발 타입별 도포 순서

- 멋내기 염색
  1) 처음염색(원터치, 투터치, 쓰리터치)

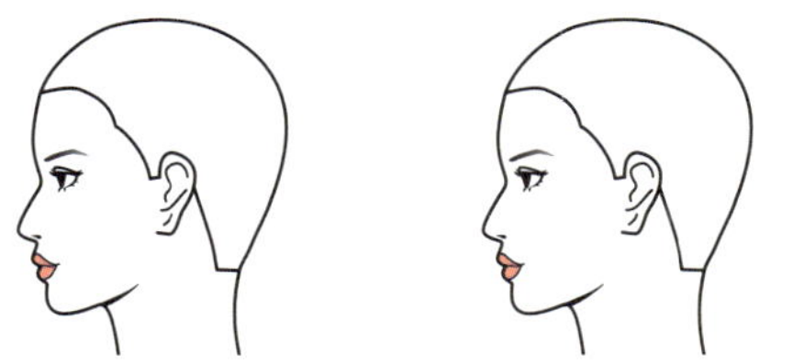

  2) 재염색(3cm 이하, 3cm 이상)

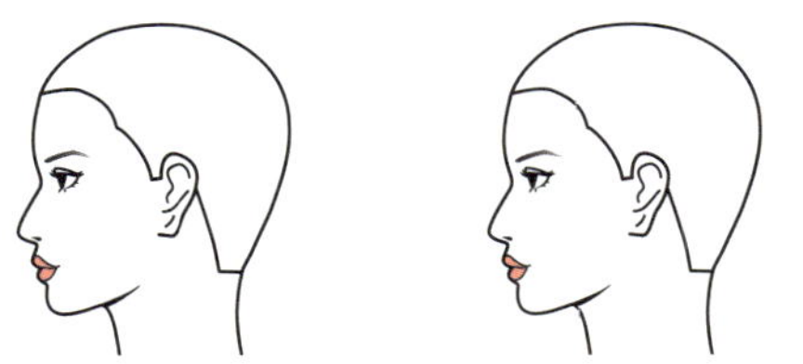

  3) 흰머리염색(처음염색, 재염색)

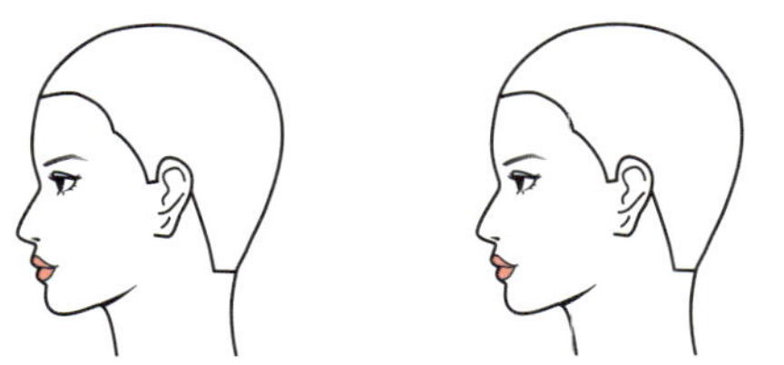

4. 디자인 테크닉

5. After consultation

- 플랜의 제안
  - 샴푸/린스/트리트먼트
  - 스타일링제

13주차

헤어컬러링 테크닉 Ⅲ (컬러링 모발 진단 및 임상실습하기)

단원명	영구 염모제 샴푸 및 스타일링 마무리하기 (그레이 컬러 마무리하기)
학습목표	1. 영구 염색제의 컬러체크를 알아본다. 2. 샴푸 방법 및 스타일링 해 본다.
선행학습	1. 컬러체크 방법

	교수 · 학습의 과정(내용)	유의사항 (학습자료)
수행내용	a. 전체적인 준비와 태도, 행동점검표 b. 중간 컬러체크와 마무리 a. 중간 컬러체크와 마무리 b. 샴푸 & 스타일링 하기	(준비물) - 교수계획표 - 주교재 - 부교재 - 통가발 - 염색재 - 산화제(6%) - 염색볼 - 붓 - 저울 - 드라이기 - 매직기 - 스프레이 - 꼬리빗 - 가위 - 테이프 - 장갑
평 가	1. 학습한 내용에 대한 수시 점검 체크 2. 그레이헤어컬러 마무리를 깨끗하게 할 수 있는지 체크	
안전 유의사항	- 피부에 묻은 염 · 탈색제를 깨끗하게 제거하는 자세를 가진다.	

1 컬러체크(Color Check, Strand Test)

염색의 결과를 평가하는 과정으로 도포 후 대개 25분에서 45분 사이에 5~10분 간격으로 검사한다. 염색진행 속도가 느린 후두부, 네이프의 모발과 눈에 잘 띄는 크라운, 프론트의 모발을 휴지, 물수건 등으로 염색약을 제거한 뒤 색상을 점검한다. 새로 자란 모발을 염색 할 경우 모발의 중간 길이 부위와 끝부분이 새로 염색한 부분과 색상이 비슷한가를 검사한다.

2 샴푸

염색 후 샴푸는 염·탈색 후에 남아있는 잔여물을 제거하고 pH 밸런스를 조절해주는 역할을 한다. 염색전용으로 고안된 산성샴푸 및 산성린스는 알칼리로 인해 팽창된 모표피의 닫힘을 증진시키고, 모발 내 수용성 단백질의 손실을 저하시킬 뿐만 아니라 자외선으로 인한 변색을 방지하며 영양과 보습을 제공하여 염색 색상을 선명하게 하고 오래 유지될 수 있도록 도와준다.

1 샴푸방법

- 염색 후 샴푸 시에는 두피 머니플레이션을 부드럽게 한다.
- 먼저 미온수를 살짝 뿌려 유화 마사지(에멀션)을 한다.
- 미온수로 헹군다.
- 염색전용 샴푸제를 도포한 후 염모제와 샴푸제의 잔여물이 남아있지 않을 때까지 헹군다.
- 네이프라인을 주의하여 꼼꼼하게 헹군다.
- 산성린스를 모발에 도포하고 최소 2분정도 모발에 작용시킨 뒤 깨끗하게 헹군다.

3 스타일링(Styling)

1 스타일링(Styling)방법

- 염색 후 고객을 만족시키기 위해 최종 스타일링 이다.
- 포인트 요소의 특성을 살리도록 한다.
- 염색에 의해 손상 된 모발에 부담을 주지 않도록 천연성분이 배합된 제품으로 보습, 보호막을 형성한다.
- 열기구를 사용하되 모발의 손상도가 되지 않도록 주의 한다.

2 홈케어 어드바이스

모발에 맞는 양질의 샴푸제, 색상을 고정시켜 줄 수 있으며, 모발 영양을 공급 보충해 줄 수 있는 트리트먼트제, 모발에 무리가 가지 않는 스타일링제 등으로 모발을 관리 해 나간다면 염색주기가 길어진다. 또한 머릿결도 건강해져 원하는 컬러와 스타일 디자인을 얻을 수 있을 것이다.

수행 tip

- **염색 전 샴푸**
  두피에 지나친 자극이 우려되므로 하지 않은 것이 좋으며 모발에 금속성 물질(반짝이, 헤어스프레이, 젤 등)이나 유분이 많은 경우, 청결 상태가 좋지 않은 경우에는 두피를 자극하지 않는 범위 내에서 가볍게 모발만을 세발 하는 테크닉으로 사전 샴푸하도록 한다.
- **유화작업**
  유화과정은 페이스라인의 피부 염착을 리무빙하는 효과를 갖는 컬러를 연결시키는 과정이다. 따라서 샴푸하기 전 미온수를 모발에 살짝 뿌려두고 염색 모발로 페이스라인쪽과 네이프라인 두피를 가볍게 문질러주고 전체 모발을 마사지하듯 유화하여 전체적인 염색작업을 마무리할 수 있다. 유화는 착색이 불안정한 부분을 안정되게 착색시켜 주어 얼룩을 방지시켜주며, 모표피와 두피에 묻은 염모제가 잘 지워지도록 한다.

학습 자료

Coloring 모발 진단표 임상지

모 델 명 : 　　　　　시술자 :

시술날짜 : 　　　　　성　별 :

1. Before consultation

- 현재 모발상태
  1) 명도 : 　　Level
  2) 모발길이(Short, Medium, Long)
  3) 모발의 굵기(굵은모, 보통모, 가는모)
  4) 화학적 처리(퍼머모, 염색모, 탈색모)
  5) 손상도(부분손상모, 전체손상모, 극손상모)
  6) 흰머리의 비율(30%, 50%, 70%, 100%)

- 희망 이미지
  1) 희망색 :
  2) 컬　러 :
  3) 스타일 :

2. Process consultation

- 시술내용
  □ 펌 □ 염색 □ 블랙머리 □ 탈색 □ 매직펌

- 제품선택 및 색상번호
  1) 헤어컬러링 (　　　　　　　　)
  2) 탈　색　제 (　　　　　　　　)
  3) 헤어매니큐어 (　　　　　　　　)
  4) 기 타

- 사용량
  1제(　　　　g) 2제(　　　　ml)

- 작용시간
  자연방치(　　　분) 열처리(　　　분)

3. 모발 타입별 도포 순서

- 멋내기 염색
  1) 처음염색(원터치, 투터치, 쓰리터치)

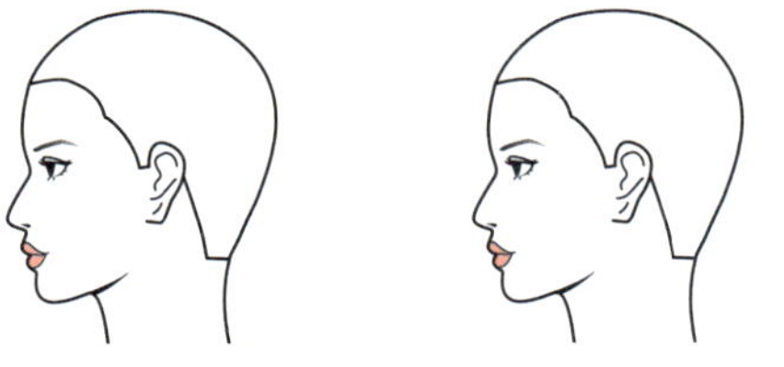

  2) 재염색(3cm 이하, 3cm 이상)

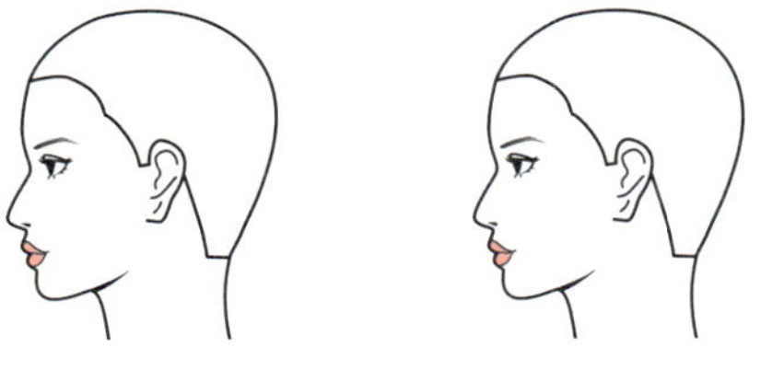

  3) 흰머리염색(처음염색, 재염색)

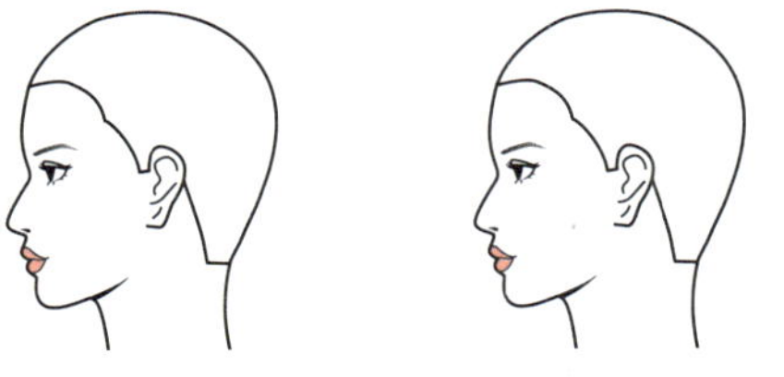

4. 디자인 테크닉

5. After consultation

- 플랜의 제안
  - 샴푸/린스/트리트먼트
  - 스타일링제

14 주차

헤어컬러링 테크닉 Ⅳ
(위빙하이라이트 테크닉)

단원명	COLCR Highlighting(위빙 하이라이팅 기법)
학습목표	1. 슬라이싱 위빙기법을 이용해 하이라이트를 만들어 본다. 2. 편편한 열처리 호일을 이용한 기법을 실습한다.
선행학습	1. 깔끔하고 정확한 파팅 익히기 2. 완전한 도포 익히기

	교수 · 학습의 과정(내용)	유의사항 (학습자료)
도 입	a. 전체적인 준비와 태도, 행동점검표 b. 구역나누어 컬러 도포 테크닉 c. 정확한 섹션나누기와 파팅 테크닉	(준비물) - 교수계획표 - 주교재 - 부교재 - 마네킹 - 빔프로젝터 - 염색재 - 장갑 - 호일 - 염색볼 - 염색붓 - 드라이기 - 타올
전 개	a. 교대 슬라이싱 기법으로 위빙 스타일 연출하기 b. 원하는 정도로 컬러 결과 나오기 c. 뚜렷한 교대 패턴의 결과 나오기	
평 가	1. 학습한 내용에 대한 직무능력평가 2. 실기 시험 예정 3. 위빙 간격과 위치 체크	
안전 유의사항	- 염모제 처리시간을 준수하는 태도를 가진다. - 신속하고 안전하게 서비스하는 태도를 가진다.	

1 호일워크의 기본 테크닉

1 위빙(Weaving)

위빙(직조)은 실을 가로와 세로로 교차시켜 엮어서 완성하는 직물을 뜻하는 것으로, 모발을 몇 가닥씩 들어 올려 염색하는 기술을 말한다. 이때 색을 넣은 모발의 간격과 칩의 깊이로 다양한 변화를 줄 수 있다.

2 호일워크의 장점

- 일반적인 컬러와 다른 큰 변화를 원할시 필요하다.
- 여러 컬러를 섞어서 컬러디자인을 할 수 있다.
- 입체감을 주어 깊이 있는 스타일 연출이 가능하다.
- 모류를 강조하여 다채로운 율동감을 표현할 수 있다.
- 모발의 적은 손상도를 유지할 수 있다.
- 고객의 이미지를 부각시켜 다양한 질감을 표현할 수 있다.

3 호일워크 시작하기 전에 준비물

호일

- 호일 위에 모발을 올려 약제를 도포할 때 사용한다.
- 열 전도율이 좋다.
- 1회성으로 사용하기 편리하다.
- 약제가 흘러 새어 나올 염려가 없다.
- 디자인 연출에 따라 다양한 형태로 변화가 가능하다.
- 호일처리가 된 모발과 호일처리가 되지 않은 모발이 분리되어 호일 처리한 채 샴푸가 가능하다.

약제 & 붓 & 볼 & 저울

표현하고 싶은 컬러의 색의 숫자만큼 준비하여 사용한다.

핑크핀

호일이 빠지지 않도록 하거나 약제가 모근으로 넘치는 것을 방지하기 위해 필요한 벨트 대용이다.

핀셋

모발의 파팅을 나누어 고정을 하기 위해서 사용된다.

꼬리빗

호일테크닉의 섹셔닝과 위빙을 뜨기 위해 사용된다.

타월

빗의 꼬리에 남은 약제나 빠르게 진행되는 명도 컬러를 닦기 위해 사용한다.

4 12블록 섹션

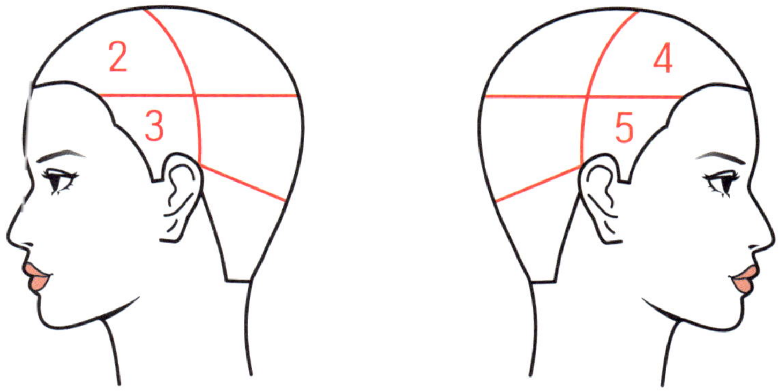

2, 3, 4, 5 사이드 섹션

이어 투 이어 양 사이드를 나누어 상하로 2등분, 이어 투 이어 라인은 두상의 고선에 따라 좌우대칭으로 나눈다.

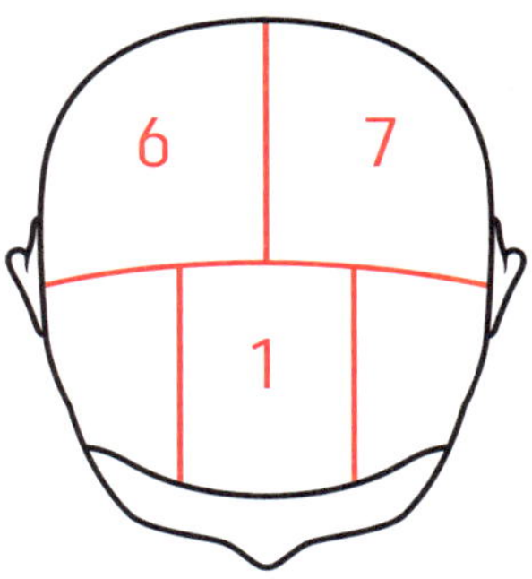

1 프론트 박스

센터 파트를 중심으로 가로 폭 6cm, 세로 폭 3cm, 좌우대칭이 되도록 빗살의 개수로 확인하여 나눈다.

6, 7 트라이앵글 섹션

톱에서부터 센터로 나눠서 각각 정삼각형이 되도록 블로킹, 위에서 보고 좌우대칭으로 나눈다.

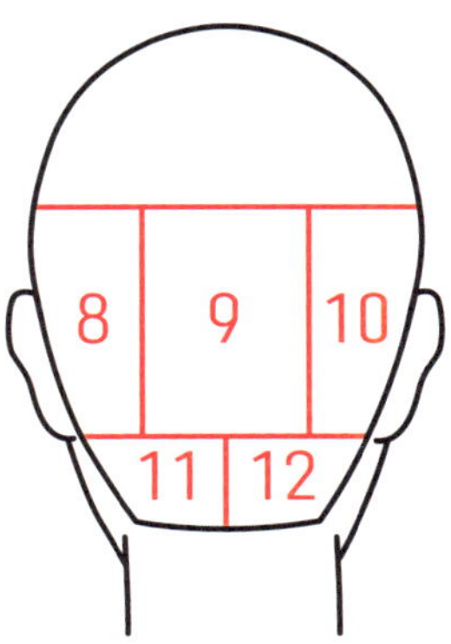

8, 9, 10 삼등분의 섹션

귀 위의 이어 투 이어 포인트를 두상의 곡선에 따라 연결하여 세로로 3등분 한다.

5 호일접기 실전편

호일의 1/2을 접고 호일의 1/3을 접어서 양쪽 끝부분을 빗살로 눌러 반듯이 접는다. 호일을 접고 꼬리빗으로 납작하게 두드리지 않도록 한다. 접는 부분에 머리카락이 있어 납작하게 두드리면 약제가 제거되어 모발에 얼룩이 생기는 실수를 할 수 있다. 또한 호일을 올바르고 깔끔하게 접지 않아도 얼룩이 지거나 빠지기 쉬워진다.

호일 접기

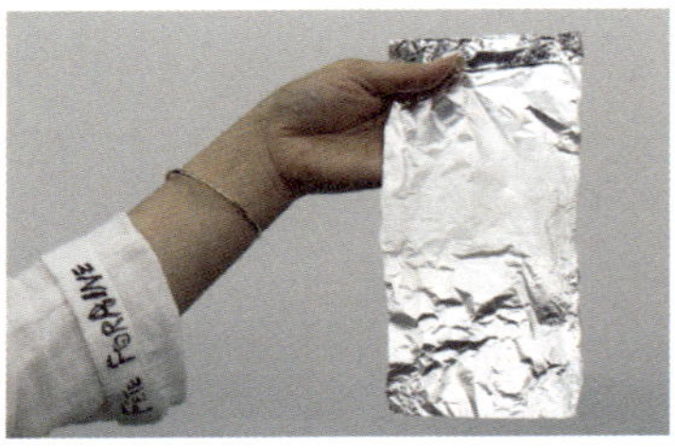

① 엄지로 호일을 잡아서 고정한다.

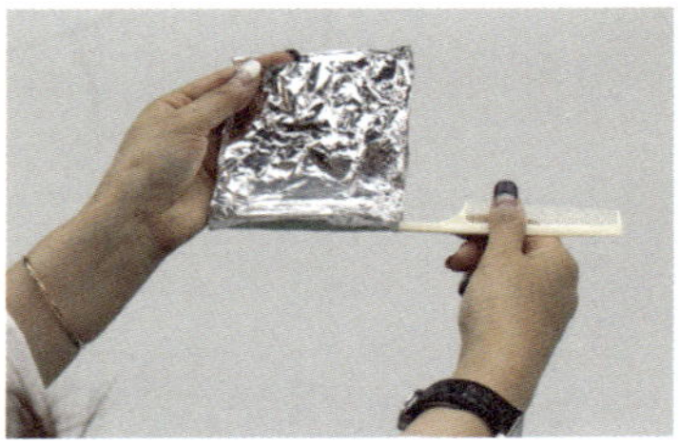

② 1/2 부분을 접는다.

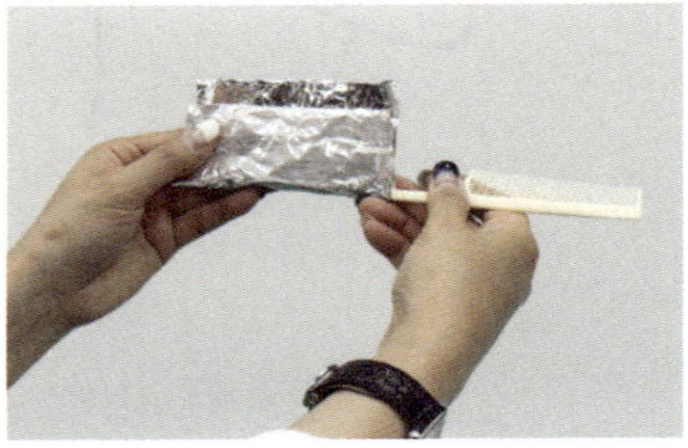

③ 1/3 부분을 접는다.

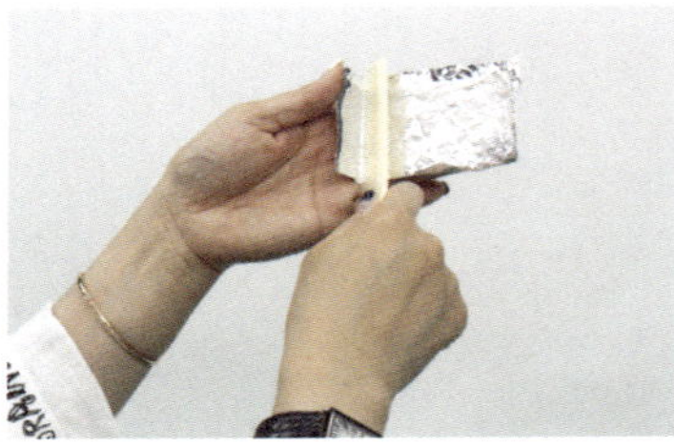

④ 양쪽 끝부분을 빗살로 누른다.

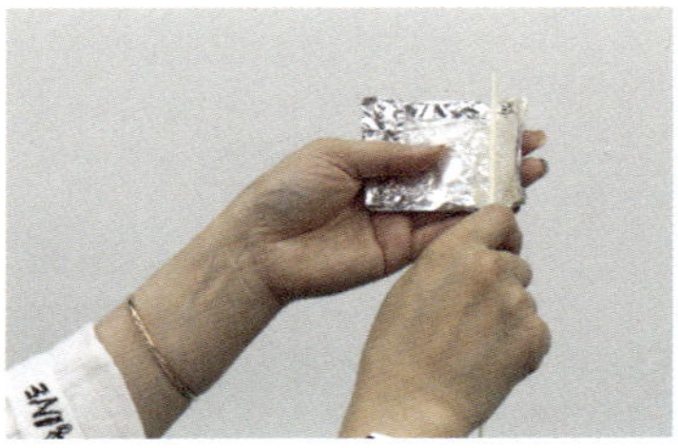

⑤ 양쪽 끝부분을 빗살로 접는다.

⑥ 완성상태

6 호일 벨트 처리하기

호일 벨트의 오른쪽을 짧게 하여 위빙 처리된 호일 위에 대고 짧은 쪽을 먼저 아래로 내린다. 길게 남은 왼쪽을 내려 오른쪽 아래에서 위로 올려 한 번 회전될 수 있도록 말아 준다. 오른손잡이는 오른쪽을 짧게 해서 왼쪽에서 오른쪽으로 호일 벨트를 올라오게 해야 베이스를 도포하거나 섹션을 나눌 때 호일 벨트가 걸리지 않는다. 호일 벨트를 함으로써 모근 쪽에 약제가 넘쳐 얼룩이 지거나 호일이 처져 약제가 다른 모발에 묻는 것을 방지할 수 있다.

7 페이스 라인 정리

호일 워크가 끝나면 약제가 새어나오지 않도록 호일밴딩 처리가 잘 되었는지 전체적으로 점검 후 페이스 라인 부분에 처리된 호일이 얼굴을 가리지 않도록 정리한다.

호일 워크 완성

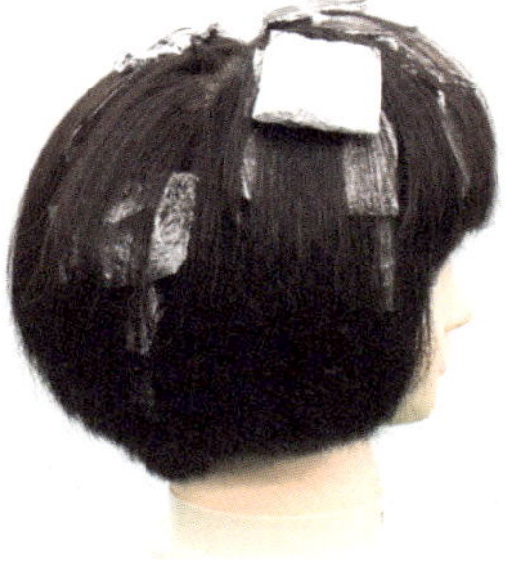

8 호일워크 실수 부분

- 모근만 밝아지는 경우
- 약제가 호일 밖으로 넘치는 경우
- 약제를 균일하게 도포할 수 없는 경우
- 섹셔닝이 좌우 균등하지 않는 경우
- 메시가 나란히 겹치는 경우

위빙 순서와 실전기법

[COLCR Highlighting(위빙 하이라이팅 기법)]

① 손을 고정하여 칩을 쿡쿡 찌르듯이 리듬감 있는 메시를 타며, 수평 파팅을 떠서 윗부분을 위빙한다. 이때 늘어짐이 없도록 항상 텐센감을 유지한다.

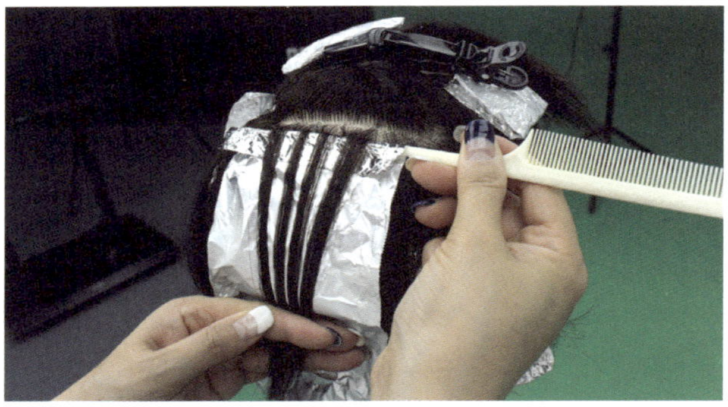

② 미리 접어 놓은 호일을 두피에 대고 메시 뜬 섹션을 호일 위에 놓는다. 이때 호일을 두피에 수직으로 바짝 되어서 호일이 똑바른 상태로 위치한다.

③ 모근에서 2cm 띄우고 붓을 45도 각도를 유지하여 도포하도록 한다.
염모제를 호일 가장자리에서 끝머리까지 도포한다.
마지막으로 모근을 도포시 붓을 세워서 도포량이 많아지지 않도록 주의한다.
(중간 - 모발 끝 - 모근 순서대로 진행)

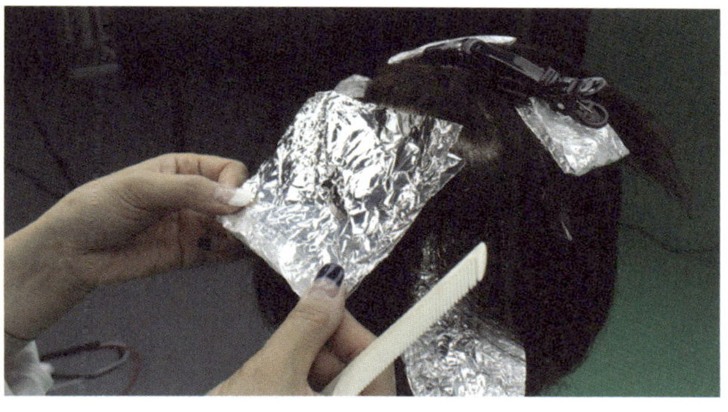

④ 호일을 위로 접는다(호일을 올바르게 접어야지만 약이 세거나, 모발의 얼룩이 생기거나, 호일이 흘러 빠지는 방지를 할 수 있다).

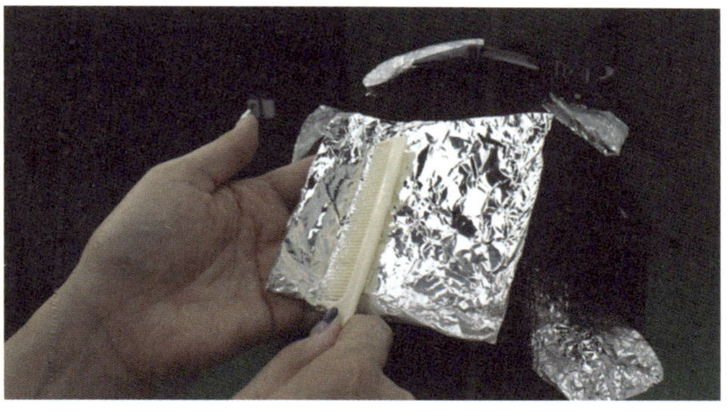

⑤ 그 다음 빗을 이용해 옆부분을 안으로 접어 넣는다.

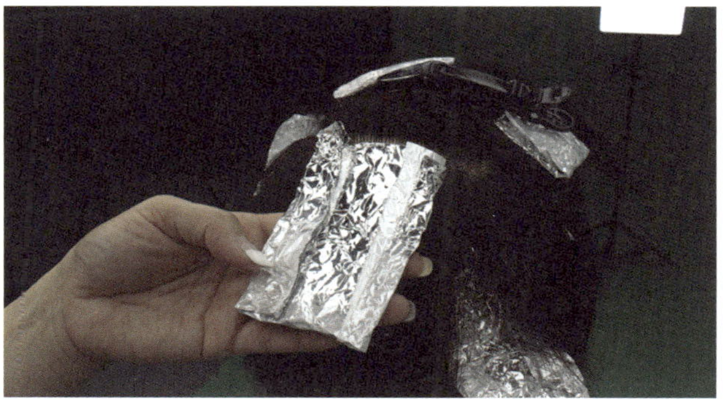

⑥ 양쪽으로 접은 모습

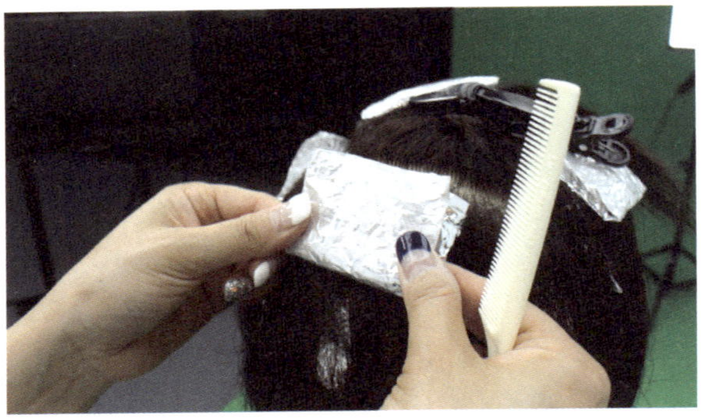

⑦ 호일을 한번 더 접어 올린다.
사이드로 동일한 테크닉으로 진행한다.
호일로 접어 올린 상태의 완성된 호일처리 모습이다.

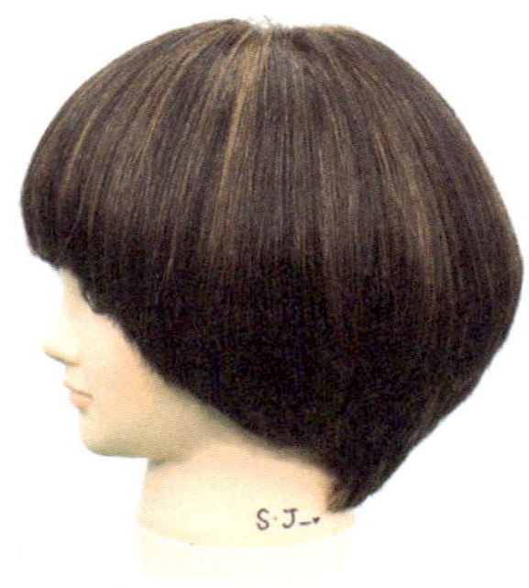

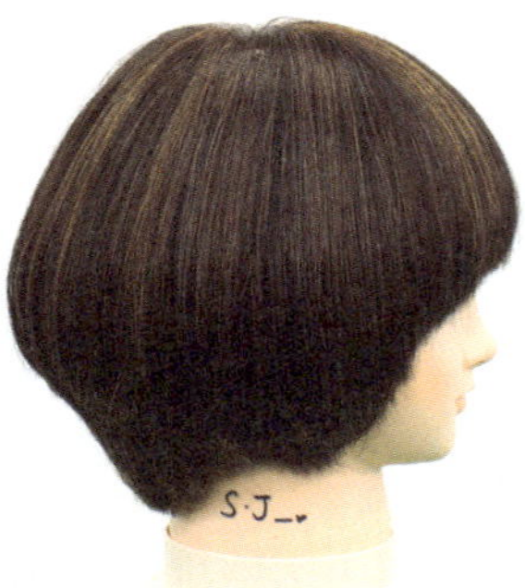

⑧ 하이라이팅 위빙 기법 후 완성된 스타일링 앞, 좌, 우, 뒤 모습이다.
입체적인 헤어컬러링의 느낌을 살릴 수 있으며, 슬라이스가 가늘면 가늘수록, 컬러의 연결감이 더 살아난다.
슬라이스가 굵을수록, 컬러는 더 대담해 보이는 묘한 느낌을 느낄 수 있다.

호일워크 모발 진단표 임상지

모 델 명 : 시술자 :

시술날짜 : 성 별 :

1. Before consultation

• 현재 모발상태
1) 명도 : Level
2) 모발길이(Short, Medium, Long)
3) 모발의 굵기(굵은모, 보통모, 가는모)
4) 화학적 처리(퍼머모, 염색모, 탈색모)
5) 손상도(부분손상모, 전체손상모, 극손상모)
6) 흰머리의 비율(30%, 50%, 70%, 100%)

• 희망 이미지
1) 희망색 :
2) 컬 러 :
3) 스타일 :

2. Process consultation

• 시술내용
□ 펌 □ 염색 □ 블랙머리 □ 탈색 □ 매직펌

• 제품선택 및 색상번호
1) 헤어컬러링 ( )
2) 탈 색 제 ( )
3) 헤어매니큐어 ( )
4) 기 타

• 사용량
1제(g) 2제(ml)

• 작용시간
자연방치(분) 열처리(분)

3. 모발 타입별 도포 순서

• 멋내기 염색
1) 처음염색(원터치, 투터치, 쓰리터치)

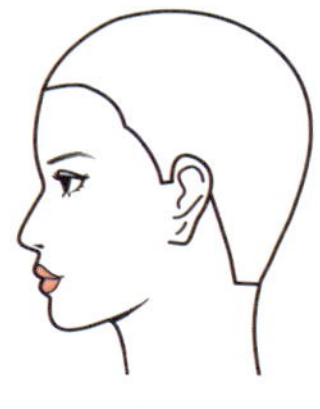
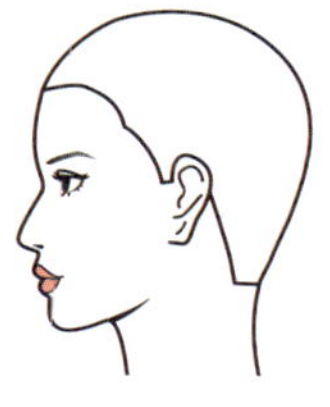

2) 재염색(3cm 이하, 3cm 이상)

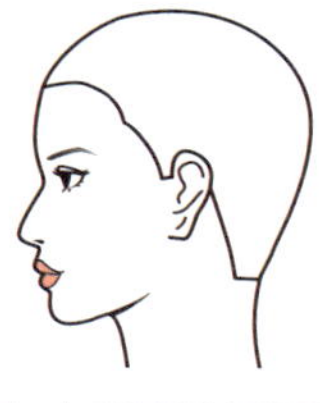
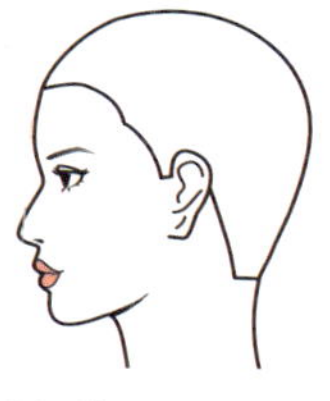

3) 흰머리염색(처음염색, 재염색)

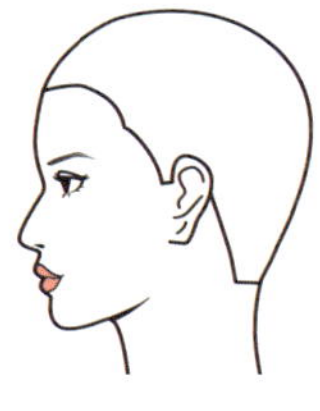
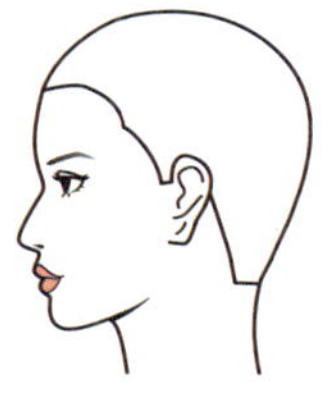

4. 디자인 테크닉

5. After consultation

• 플랜의 제안
– 샴푸/린스/트리트먼트
– 스타일링제

15 주차

직무능력평가 Ⅱ, Ⅲ

담당교수		교과목명	기초헤어컬러링
학 번		능력단위명 (능력단위 코드)	• 헤어컬러분석 (1201010124_17v4) • 베이직헤어컬러 (1201010125_17v4) • 그레이 헤어컬러 (1201010126_17v4)
이 름			
평가날짜			

평가영역	평가내용(수행준거)	평가구분		판정	
		과정평가	결과평가	Y	N
베이직 헤어컬러	1. 위빙, 슬라이싱 테크닉-하이라이트 효과를 이용한 스타일 연출 방법 및 수행할 수 있는가? 2. 재염색과 컬러 체인지와 색의 배합에 대해 이해하고 수행할 수 있는가? 3. 반영구적, 영구적 염색의 시술에 대해 도포 및 테크닉을 수행 할 수 있는가?				
그레이 컬러	1. 모발에 따른 전처리 제품을 선정하여 도포할 수 있는가? 2. 두피에 묻은 제품을 깨끗하게 제거할 수 있는가?				
소 계	%			점	
평가점수	평가내용(K/S/A/T포함 자율평가) 총 점 :				

직무능력평가 Ⅱ 실기능력 평가서

평가일자 : 20　　년　　월　　일

과목명 (기초헤어컬러링)	Coloring 모발 진단표를 작성 후 모발상태에 맞게 컬러 체인지 하기	학 번	
		성 명	

No.	평가항목		배 점	점 수
1	완성도	전체적인 디자인의 완성도	10	
2	디자인 능력	디자인의 구성, 표현 능력	10	
3	전공에 대한 이해력	전공 실기의 이해력	10	
4	전공 숙련도	전공 실기의 숙련도	10	
총　점			40	

[Comments]

담당교수	(인)

직무능력평가 Ⅲ (포토폴리오) 능력평가서

평가일자 : 20　　년　　월　　일

연번	교과목		기초헤어컬러링		
	과제명		학습한 내용에 대한 교육생의 시술 컬러차트 포트폴리오 완성도		
	학번	성명	평 가 항 목		
			주어진 작업지시서 과정 [10]	과제의 완성도 [10]	합계 [20]
1					
2					
3					
4					
5					
6					
7					
8					
9					
10					
11					
12					
13					
14					
15					
16					
17					
18					
19					
20					
21					
22					
23					
24					
25					
26					
27					
28					
29					
30					
31					
32					
33					
담당교수					(인)